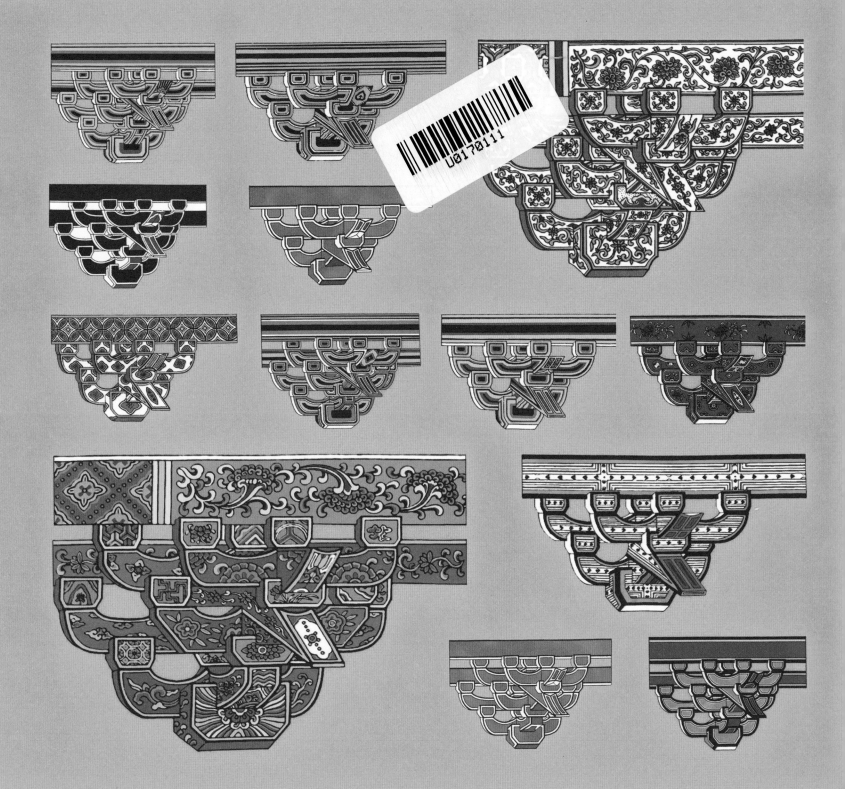

少年读典籍

呀！营造法式

〔宋〕李诚 原著　文小通 编著

文化发展出版社
Cultural Development Press
·北京·

目 录

壕寨制度

总释

石作制度

大木作制度

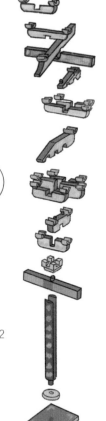

小木作制度

雕作制度

竹作制度

瓦作制度

泥作制度

彩画作制度

砖作制度

壕寨功限

诸作料例

诸作用钉料例

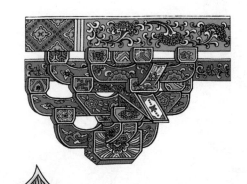

对建筑好奇的少年

900 年以前，有一个人，被后人尊称为"中国古代建筑宗师"。这位熠熠生辉的人物就是李诫。李诫是宋朝人，出生在郑州管城（今河南省郑州市）。他的曾祖父、祖父、父亲都在朝中做官。他一出生就享受富贵的生活。然而，李诫并未因此而沉溺于享乐，相反，他幼年时就刻苦读书，十分好学，还非常懂礼仪。

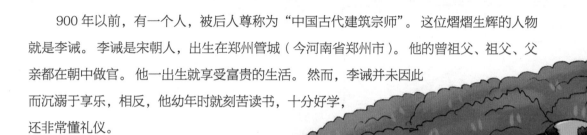

每天，李诫的琅琅读书声都会清脆地响起。他兴趣广泛，不仅饱读诗书，还学习了书法、绘画等，少年时代就多才多艺。不知从什么时候开始，李诫对木匠活儿非常感兴趣，一看到关于古代匠人的故事就会心潮澎湃，看到奇特的建筑也会停留、欣赏、琢磨。他很想更多地了解建筑知识，但当时还没有这样的专著。时光就这样飞快地流逝了。

懂礼仪，斗盗贼

李诚祖父在祠部掌管庙祭、祠祀，这使他有较多机会接触庙宇宫殿。李诚喜欢参加祭祀活动，对祭祀的时间、祭品摆放、祭祀者的姿势等，都了然于心。如果有人不熟悉某些礼仪，李诚总是耐心地指导他们。

李诚21岁或22岁时，被任命为郊社斋郎，这是一个主管祭祀活动的官职。李诚非常欣喜，和家人道别后，就进京赴任去了。之后，李诚主持了多次郊庙祭祀活动，得到众人的肯定和赞赏。

不久，李诚调任到曹州济阴县，去做县尉。当时，县里风气很坏，经常有盗贼出入百姓家中，百姓苦不堪言，怨声载道。李诚得知此事后，决心解决这个问题。他先带领县兵锻造兵器，在野外练武，同时颁布了条文制约、惩罚盗贼，并用悬赏的方式鼓励百姓举报盗贼。经过几年的努力，盗贼不见了，百姓过上了安宁的生活。

将作监大展身手

李诚从小就喜欢建筑和书画，在曹州济阴县工作七年后，他被调到将作监，担任主簿，做和建筑相关的事情。在将作监，李诚要起草文件，管理档案，不仅可以查阅很多建筑资料，比如恢宏的宫殿图、庄严的庙宇图、精美的凉亭图，还有各种花鸟图、神仙图……他如获至宝，仔细研究，深深沉醉其中。

将作监是宋代主管营造工程的机构，监掌宫室、舟车、桥梁等营造事务和修缮。

将作监主簿则是将作监的属官，负责掌管文书档案。

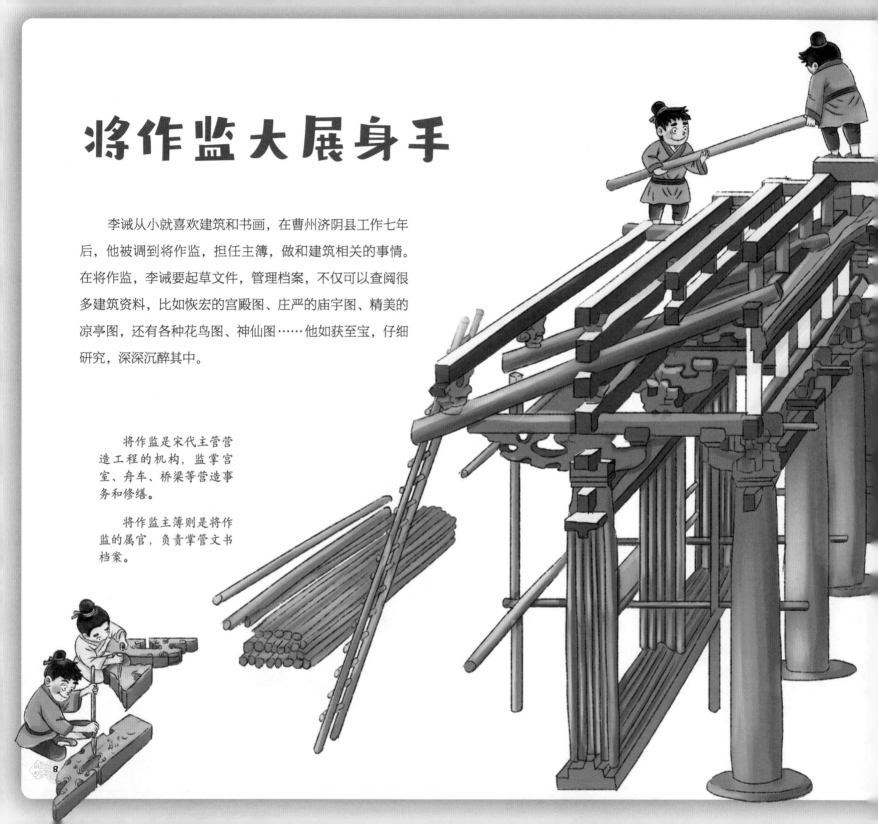

8

由于李诚认真严谨，有独到的见解，他开始更多地参与到具体工程中。他先后被提拔为将作监丞、将作少监、将作监。李诚经常穿梭在工匠们中间，指挥他们怎样打造地基，怎么在石头上雕刻动物纹样，栏杆上要刻绘什么图案，是否按照江南风格雕梁画栋……他还受命给五位位高权重的大臣修建了"五王庭院"，风格庄重典雅，令人耳目一新。

《营造法式》诞生

当时正是宋哲宗时期，一些官员在建造房屋时，经常随意定尺寸，随意使用材料，浪费、贪污了很多钱财。宋哲宗想要改变这个现状，指定李诫编写一部专著，明确建筑设计、施工的规范，比如房屋的长、宽、高是多少，需要多少砖、瓦、木，各种构件的尺寸是多少等。此前已经有人写过类似的书，但不够全面。李诫受命后，决心编写一部更细致的书，这就是《营造法式》。

"法式"是标准的格式或式样的意思。"营造法式"就是营造房屋的标准格式、式样。

　　为了编好《营造法式》，李诫查阅了数不清的书籍。宋朝初年曾流行过一部《木经》，书中对一些木构件的比例有具体规定。李诫很看重这本书，仔细参照了上面的很多内容。他还谦虚地向地位低微的匠人请教，并考察各种建筑，严谨地确定了《营造法式》的内容。经过三年的不懈努力，李诫终于完成了这部中国古代最完整的建筑技术专著——《营造法式》。它是中国古代建筑史上的一座里程碑。

　　《木经》的撰写者是五代末、北宋初的匠人喻皓。北宋文学家欧阳修赞他"国朝以来木工一人而已"。

北宋汴梁宫殿的宣德门屋顶

宫

穹隆一样的房子

每个人都有自己的名字，人还给动物、植物起了名字，甚至也给房子起了名字，来看看吧。上古时期，人们穴居野处，有的住在山洞里，地下潮湿，会伤害身体，后来圣贤和君王便开始建造房屋。人们在房屋上架了梁，有了屋顶，还有了屋檐，能够遮风挡雨了。这就是早期的宫，宫也叫室。

夏、商、周时，营造宫室也有法度：地基高度要确保能防潮；围墙厚度要能抵御风寒；屋顶要能防备雪霜雨露；宫墙高度要确保男女有别，礼节不乱。

"宫"就是"穹"，房顶耸立在围墙上，中间隆起，四面下垂，宛如穹隆，显得高大宽敞；"室"就是充实，或说里面住满了人，填满了粮食、财物。"宫"和"室"都是指房屋。不过，到了汉代，地位尊贵的人渐渐把自己的住所称为"宫"，而地位低微的人为了不冒犯贵族，渐渐把自己的住所称为"室"。宫和室就这样"分家"了。

夏朝宫殿复原图

阙

尊贵的"门"

阙（què）是一种独特的建筑，一般建在皇宫大门两旁，用来表示宫门之所在，也代表尊卑等级。阙上的楼观可以住人，登上去可以瞭望四周，看是否有外敌入侵。阙有"缺"的意思，就是位于宫门两旁，中间的缺口是通道。大臣上朝走到此处时，要思考自己的不足之处，所以叫阙。

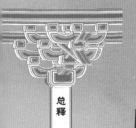
殿

显赫的大堂

"殿"就是大堂，堂堂皇皇、高大显赫的样子。由于这类房子很高大、很雄伟，所以，很适合许多人在此议事。最早的殿，并不是皇宫专有的，别人也可以拥有，只不过，有严格的等级要求。

周代时，殿堂营造的法度是：天子的殿堂高九雉（27丈，1丈约为3.33米），公侯的府堂高七雉（21丈），子爵和男爵的屋堂高五雉（15丈）。

北宋皇宫位于都城汴梁，也就是今天的河南省开封市。后来，皇宫发生大火，被烧成废墟。后人根据古籍记载，设想了皇宫的布局。

北宋皇宫设想图

大庆殿想象图。大庆殿是皇宫正
殿，举行隆重典礼的地方。

15

楼

重檐的屋子

有一种狭窄而细高的建筑，就是楼。有的高楼之间，凌空架设通道，人在半空云端行走、往来，看起来仿佛仙境一样。

楼也被解释为"重檐之屋"，因为楼是由一层又一层的房子向上"摞"起来的，每层房子都有屋檐，一层层的屋檐自然就是"重檐"了。

为什么叫"楼"呢？因为门窗之间设有小孔，光线直接照射进来，显得宽敞明亮，所以叫楼。

宋朝逍遥楼复原图。逍遥楼是城防工事的配套工程。

钟楼

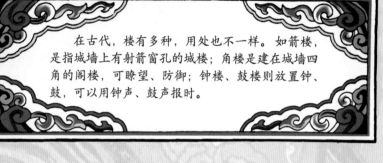

在古代，楼有多种，用处也不一样。如箭楼，是指城墙上有射箭窗孔的城楼；角楼是建在城墙四角的阁楼，可瞭望、防御；钟楼、鼓楼则放置钟、鼓，可以用钟声、鼓声报时。

鼓楼

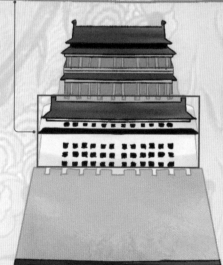

箭楼

亭

寓意深远的建筑

"亭"是用来保护人们安定的建筑。亭上有楼，仔细看"亭"这个字——它的字形和"高"字部分笔画是相同的，也就是说，它的意思与"高"有一定关系，是亭亭而立的建筑。

"亭"也有停留的意思，是供行人停留、集合之处。汉代的时候，朝廷沿袭秦代的制度，大约每10里（1里=500米）的地方，设立一个亭子，为行旅提供食宿，像馆舍一样。"亭"也有公平的意思。当有人发生纷争、涉及官司时，官吏会把当事人留在亭中，进行审判、甄别，代表不失公正。

台榭

"高高在上"的建筑

老子说："九层之台，起于累土。"大意是，就算是九层高的巍峨台子，也是从一筐土开始堆积起来的。台，曾经流行了很长一段时间，由土筑在高处，可以瞭望四方。"台"有保持的意思——把土筑得坚硬而高耸，使其能够长时间地保持住。

战国时，燕昭王筑黄金台，也叫招贤台，招纳了乐毅等才士。据说，黄金台在今河北省易县东南一带。

唐诗"铜雀春深锁二乔"中的"铜雀"，是指三国时曹操建的铜雀台。铜雀台最盛时高10丈，台上又建5层楼，离地共27丈，约合今天的90米高，可见其壮观。

台

榭

人们希望，五月天开始热的时候，可以住在高大轩敞的地方，也可以住在亭台水榭之间。那么，榭是什么呢？榭就是没有室的楼台，用木头建造。台在高处比较凉爽，榭大多临水，也凉意习习，令人舒适。

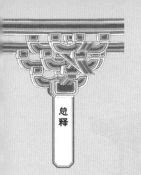

城

"盛装"国都的地方

"城郭"就是指城，但实际上，"城"和"郭"之间是有区别的。修建在里面的，叫"城"；修建在外围的，才叫"郭"。据说，鲧（gǔn）为了保卫君王，曾经修筑内城；为了守护臣民，修建了城郭。"郭"为轮廓之意，廓落于城外。

相传鲧是大禹的父亲，上古时代的一位部落首领，曾经治理洪水，九年不成，被流放羽山而死。

"城"就是"盛"，用来容纳臣民和国都，是都城。城要有墙围起来，"墉"就是城墙，"堞"是城墙上的女墙。女墙是一种矮墙，与城墙相比显得很小，就像女人之于丈夫一样，所以叫女墙。女墙又叫埤堄（pì nì），意思是，可以通过墙上的空洞窥视异常情况。

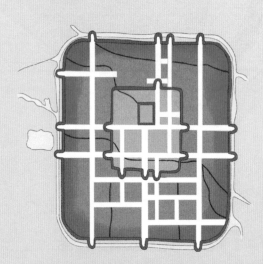

北宋开封城示意图

营造城的法式

城每增高 40 尺（1 尺约为 0.333 米），城墙的厚度就要增加 20 尺。如果城的高度降低，城墙厚度也按这个比例减小。

汉朝长安城示意图

墙

用于遮蔽和阻挡

　　传说大禹建造了城墙，强大的人利用城墙进攻，弱小的人利用城墙防守。双方对峙时，可以利用城墙作战。"墙"的意思是障碍，有阻挡、遮蔽的作用。人们还认为，墙可以遮掩过错、隐私。墙也叫"墉"。"堵"也是墙的意思，还可以用作墙的量词，5块筑墙的夹板的面积是1堵。

　　舜带领人们建造房屋，用土筑墙，用茅草、芦苇铺上屋顶，让大家都离开洞穴，从此有了属于自己的家。

营造墙的法式

如果墙厚3尺，高就要达到9尺；如果墙增高3尺，厚度就要增加1尺。

材
建造房屋的"主角"

人们在建造房屋前，要考虑的事情很多，比如，应该用什么材料来造房子呢？茅草太轻，石头又太重了，木材才是人们最喜爱的"主角"。就像我们做衣服，要先量好身体的尺寸一样，人们也要根据房屋的大小来选择相应的材料。

想要建造出高大又安全的房屋，最重要的是要先选择优秀的匠人，而后再挑选材料。木材可不是随便砍一棵树就能做的，必须要选择材质细密的树木。符合这种要求的树木有很多，人们更青睐楸木。它是人们心中的"木王"。匠人们将楸木加工成各种瑰异的木材，如鬼斧神工般，再用木材建造出不同样式的房屋。

楸树：我国特有树种，有 2000 多年的种植史，在古代位居百木之首。树干笔直挺拔，树枝少，大部分树干都可以作为木材，且纹理美观。

华表

诽谤木的"变身"

　　相传在上古时代，尧帝在交通要道立诽谤木，就是用横木搭在一个木柱上，看起来像花一样，也像杠杆，让百姓可以到木下进谏，以便及时了解民情。诽谤木也有指示道路方向的作用。

　　诽谤木也叫表木，是华表的前身。汉代时，人们不再用木头制作华表，而是用石柱制作，以便在风吹日晒中屹立得更久。华表一般立在馆舍前，让送信人和旅客知道此处有歇脚的地方。后来，华表多立在宫殿、陵墓等大型建筑物前，作为装饰，实用性渐渐消失了。

23

取正
寻找正南与正北

想一想，如果建造房屋、台榭、城郭，第一步应该先做什么呢？自然是打地基或台基了。举例来说，如果人站在泥里，很容易滑倒；如果站在地面上，就能够站稳。房子或墙也是一样，为了能够平稳地"站"在地面上，房子的下面一定要很坚实，所以要先打坚固的地基。打地基时，要取正。就是要找到正南、正北的方向，这样阳光才能更多地照进来，屋子才亮堂，冬天才暖和。

《诗经》中有一句"定之方中"。其中的"定"，是指营室星，也是营建宫室房屋的意思；"方中"，是指定星在黄昏时分位于四个方位的正中。这个时候最适合营建宫室。

古代用测量日影的方法确定方位。那么，怎么测量日影呢？早期人们会"立杆测影"，现在可以用一个标影板，板上垂直竖立一根标杆，从日出时分开始，画出标杆的影子的末端，一直画到日落时分，然后找出影子最短的地方，在这个位置放一个望筒。白天，用望筒指向南方；夜晚，用望筒对着北极星。这个时候，望筒的两端就是正南、正北的方向了。

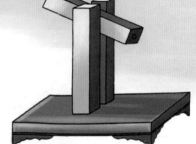

望筒

> ### 取正的法式
> 　　标影板的直径需为 1.36 尺；标杆高 4 寸，直径 1 分；望筒长 1.8 尺，3 寸见方。

定平
确定地面是平的

打地基时，地基的高度必须是一样的，不能这边高那边低，否则房子或墙就是东倒西歪的了。

地基应该在同一水平面上，不能修得高低不平。工匠开工时，会在地基的四个角各立一个标杆，中心位置放水平仪，观察水平仪横杆两头水浮子的上端，对准四个角的标杆处，从而确定房子四个角的地面是不是在同一水平面上。

古建筑木构件

水平仪

打地基必须"厚而载物"，要承受得住上面沉重的房屋。古代有的土基会反复交替几十层，工序十分复杂，需要打夯，使其厚而稳固，还能防潮。

柱础

给柱子"穿鞋"

海石榴花

龙水

牡丹花

木作是加工木料的活儿，石作就是加工石料的活儿。古代房屋多为木构架，木作是主角。但盖房子时也离不开石作，比如柱础。柱础就是柱子底下放的一个石礅，它相当于给柱子穿上了鞋，让柱子稳稳地立在地上。为什么要给柱子"穿鞋"呢？因为它可以承受柱子的压力，是一种奠基石，还能避免柱子接触水而腐烂。

宝相花

为了让柱础漂亮一些，石匠会给它"化妆"——雕刻一些精美的图案。一般来说，石雕有四种：一种是浮雕，一种是浅浮雕，一种是平雕，一种是素平。素平就是刻有线雕装饰纹样的平滑石面。

仰覆莲花

平钑花

营造柱础的法式

如果柱子的直径是2尺，柱础的边长就是4尺。

角石

"蜗居"四角的石头

云龙

盘凤

狮子

建宫殿时，台阶地基的四角也要用石头，这就是角石。

营造角石的法式

方形石头，角石的边长为2尺。

角柱

"躲"在角落的柱子

有了角石，用什么固定它呢？这就需要角柱"露一手"了。角柱一般位于角落，能卡住角石。角柱有抵抗地震的作用。角柱之所以能从柱子大家族中"独立"出来，是因为它受力复杂，营造时需要格外关注。

阶基上的角柱

营造角柱的法式

角柱的长度每增加1尺，柱子的方形边长就要增加4寸。无论柱子有多长，柱子的边长都不能超过1.6尺。

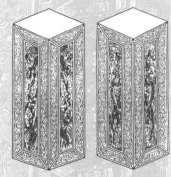

角柱上繁复的图纹

压阑石

脚下的美丽

什么是压阑石呢？就是压在台阶上的长方形石头，虽然被"踩"在脚下，但也会雕刻出复杂繁丽的图案。

营造压阑石的法式

石长3尺，宽2尺，厚6寸，不得随意改变。

殿内斗八
低头才能看见的美

"斗八"这个名字显得怪怪的，其实它就是殿堂内地面心石上的一种装饰，是端庄的正八边形。斗八的图案非常繁密，异常美丽，加上有的是浮雕，有的是高浮雕，更加摄人心魄。

营造斗八的法式

一个边长为1.2丈的正方形，各个格子内用各种花的造型间杂其中。

殿堂内地面心斗八

钩阑
充满诗意的栏杆

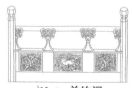

单钩阑

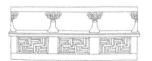

单钩阑

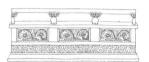

重台钩阑

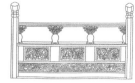

重台钩阑

有了台阶、楼梯，就会有人在上面行走。如果台阶、楼梯很高，一不小心人就可能掉下来。于是，人们在台阶、楼梯旁修建了"围墙"，安上了栏杆。栏杆一路拐弯，曲折如钩，所以被称为钩阑。为了给人赏心悦目之感，人们还会在"围墙"上雕刻祥瑞的图案，有一种诗意之美，被称为花板。有一层花板的栏杆称为单钩阑；有两层花板的称为重台钩阑。

营造钩阑的法式

单钩阑每段高3.5尺，长6尺。重台钩阑每段高度为4尺，长7尺。

汉代人朱云忠刚烈正直，曾任槐里令。有一次，他为了进谏，双手死死抓住大殿的栏杆，把栏杆都拉断了。后来，有人要更换栏杆，被汉成帝拦下，命人修补旧栏杆，保持原样，以表彰正直的臣子。

望柱

充满想象力的栏杆柱

望柱是什么柱呢？它就是栏杆上的短柱。本来，发明出一个个短柱，已经是奇思妙想了，但人们的美感十分丰富，又在短柱的头上雕刻出各种充满想象力的造型，其中，最受人喜爱、风头最大的是狮子。

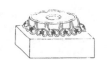

望柱下的底座

> 营造望柱的法式
>
> 望柱的长短，根据栏杆的高矮来定：栏杆每增加1尺，望柱的长度就增加3寸。柱头上的石狮子高1.5尺。

中国本土并无狮子。汉代时，一些西域国家把狮子作为特产，通过"丝绸之路"从西域传入中原。起先写作"师子"，后来写为"狮子"。

望柱上的图纹　　　望柱头装饰的狮子

你看我美吗？

都烫头了，能不美吗！

门砧石

门的"枕头"

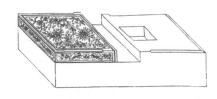

> 营造门砧的法式
>
> 长度为3.5尺；长度每增加1尺，则宽度增加4.4寸，厚度增加3.8寸。

门也有"枕头"，有趣吧？大门下面有两块大石头，叫门砧（zhēn）石，一端在门内，一端在门外，把门框夹住，门框的底端就像枕在石头中间，可以让自己牢固地"立正"。露在门外的石头上，经常会雕刻动物图案，可谓处处有风光。

怎么把大石"切开"呢？先找石头的纹理，然后把铁楔（xiē）子打进去，再用铁锤打铁楔子。用同样的方法打进去多个铁楔子，石头就会被一分为二了。

流杯渠
曲水流觞的遗韵

国字流杯渠　　风字流杯渠

西周时，每年农历三月初三上巳（sì）日，人们在祭祀之后，会坐在河的两岸，在上游放酒杯，任酒杯顺流而下，停在谁的面前，谁就取杯饮酒，希望祛除灾祸和不吉。这就是"曲水流觞"的来源。后人发明了流杯渠，就是取曲水流觞之趣，因此也叫九曲流觞渠。

最开始时，人们是在野外用天然的小溪或者小河来做流杯渠；后来，逐渐在家中或园林中修建，一般用整块巨石凿出来，渠形有的像"风"字，有的像"国"字，水从一端引入，经过曲折的路径后，从另一端流出。文人墨客格外青睐流杯渠，在此饮酒、吟诗别有情趣。

营造流杯渠的法式

流杯石渠方长1.5丈（用25段3尺见方的石头制造），石头厚1.2尺，渠宽1尺、深9寸。

1600多年前的晋朝，书法家王羲之召集42位名士，在兰亭举行曲水流觞的活动，酒杯在谁面前打转或停下，谁就得赋诗。共成诗37首，其中16人作不出诗，各罚酒三杯。王羲之乘兴写下《兰亭集序》，被誉为"天下第一行书"。

拱

木头开出的"花"

营造慢拱的法式

拱头留6分，拱身以下留9分；拱的两端和中心位置要留出托住斗的地方，其余部分凿为拱眼，深度为3分。

古代房屋主要是木结构，站在房子里面往上看，会看到无数个木头，大的、小的，长的、短的，横的、竖的，粗的、细的……站在房子外面往上看，也会看到很多木头，有弯弯翘起的屋檐，有五彩斑斓的木构件……这些让人眼花缭乱的木头中，最奇异的就是拱了。

拱是什么呢？在房子的立柱和横梁之间有一种木构件。它长得像一个弯弓或拱门，这就是拱了。别看它看起来很"花哨"，却是很重要的承重结构，是"斗拱"中不可缺少的大角色。

瞧一瞧，拱长什么样

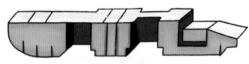

华拱

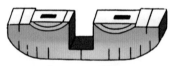

泥道拱

令拱

华拱

瓜子拱

令拱

华拱

瓜子拱

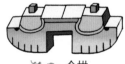

令拱

"拱"和"斗"是"好朋友"。斗是什么呢？它就是在拱与拱之间垫着的方木块，跟过去量米的"斗"长得很像，上大下小，因此叫"斗"。斗和拱纵横交错，就组成了斗拱。它们紧紧地抱在一起，密不可分，共同支撑起屋顶的重量。

斗拱

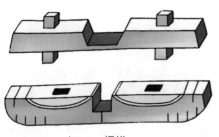

慢拱

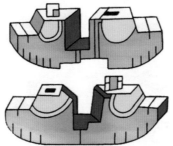

华拱与泥道拱相列

慢拱

瓜子拱

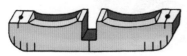

慢拱

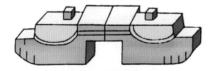

慢拱

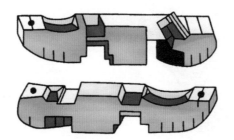

瓜子拱与小拱头相列

我的目的达到了。

看得我眼花缭乱。

33

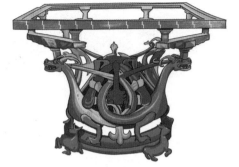

很久以前，人们为了把屋檐支起来，就在屋檐下面立一排小柱子，叫"擎檐柱"。小柱子在风吹雨打、日晒中，容易损坏，人们不得不经常更换。传说，商纣王也曾亲自"托梁换柱"。当时，纣还没有登基，天子是他的父亲帝乙。有一天，帝乙正在大殿里议事，一根柱子突然折断，房顶就要塌下来了。在这千钧一发的时刻，纣冲上前去，把房梁托举起来，使卫士得以换上新柱子，保住了众人的性命。后来，擎檐柱慢慢地演化成了斗拱。

斗拱是中国独一无二的木结构，最早见于战国时中山国的四龙四凤铜方案。在四龙四凤铜方案上，四条龙的龙头分别托着一个斗拱，斗拱托起上面的案框。或许，当时的建筑上也已经有了这样的结构。

战国四龙四凤铜方案

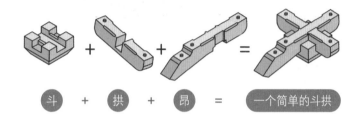

斗 ＋ 拱 ＋ 昂 ＝ 一个简单的斗拱

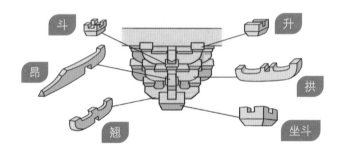

斗　升　昂　拱　翘　坐斗

位于柱子头上的斗拱，叫柱头斗拱；位于柱子之间的斗拱，叫柱间斗拱。柱间斗拱也是支撑起屋顶的"功臣"之一。柱间斗拱帮忙分担了一部分重量后，将重量传递给柱子，柱子再接力一样传递给大地——以大地作为最坚固的支撑点，房屋就不会轻易倒塌了。

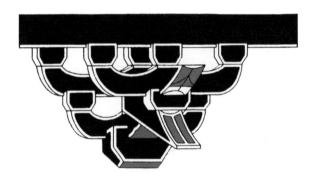

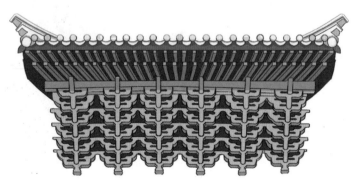

应县木塔斗拱示意图

斗上放拱，拱上放斗，层层斗拱不断向外挑出，就像一朵朵盛开的花，一朵朵出岫的云，所以，每组斗拱的单位就叫"朵"。应县木塔被誉为"中国斗拱博物馆"，共使用了54种斗拱，共480朵。

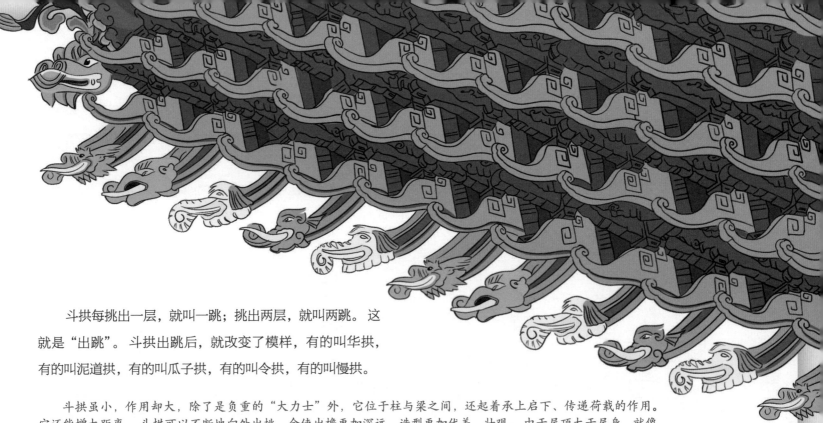

斗拱每挑出一层，就叫一跳；挑出两层，就叫两跳。这就是"出跳"。斗拱出跳后，就改变了模样，有的叫华拱，有的叫泥道拱，有的叫瓜子拱，有的叫令拱，有的叫慢拱。

斗拱虽小，作用却大，除了是负重的"大力士"外，它位于柱与梁之间，还起着承上启下、传递荷载的作用。它还能增大距离。斗拱可以不断地向外出挑，会使出檐更加深远，造型更加优美、壮观。由于屋顶大于屋身，就像巨大的雨伞一样，能避免门窗被雨水侵蚀，或因太阳暴晒而产生裂纹。

斗拱还是抗震小能手。故宫太和殿的屋顶重2000多吨，历经多次地震却没有损坏，是因为斗拱就像减震器一样——虽然木块牢固结合，但是之间又有松动的空间——能抵消地震产生的冲击力。在古代，建筑中一旦出现了最富有装饰性的特征，总会被皇帝垄断。唐朝以后，斗拱已经成熟，皇帝便下令，民间禁止使用。斗拱不仅是装饰，还是区别建筑等级的标志。斗拱越复杂、越繁丽，说明建筑等级越高。太和殿有3万多个斗拱，建筑等级最高。

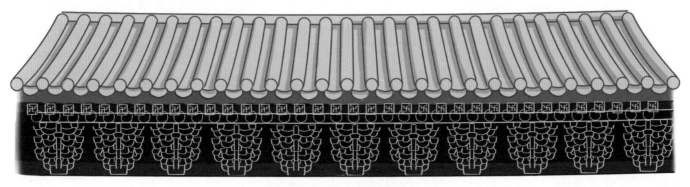

故宫太和殿斗拱示意图

飞昂
犹如振翅欲飞的鸟

斗拱不仅包括斗、拱，还包括翘、昂、升。翘是与拱垂直的构件。升是比座斗小的斗形。昂也叫飞昂、飞枊（àng）。飞昂长得有点"歪斜"，不像其他的木构件那样是平的。它和斜拱一样，斜着"躺"在斗拱之中，就像一只小鸟飞翔的样子，格外引人注目。

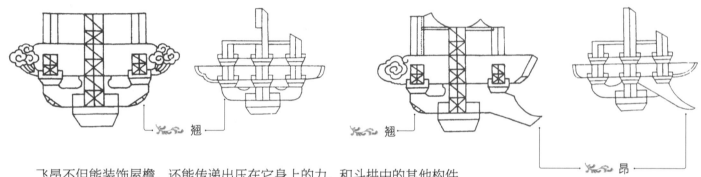

翘

翘

昂

飞昂不但能装饰屋檐，还能传递出压在它身上的力，和斗拱中的其他构件互相错落，彼此支撑，像杠杆一样，可以平衡出挑部分屋顶的重量。

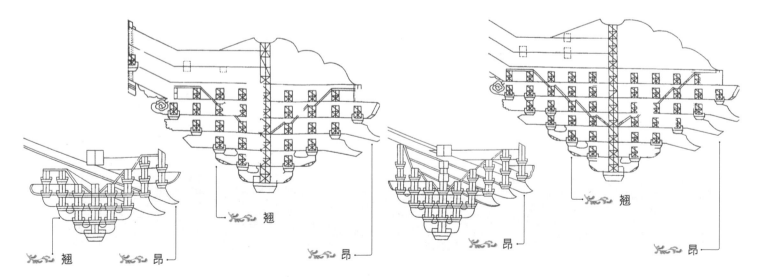

翘　昂

昂

昂

翘

昂

铺作
组合起来的斗拱

垂直的斗、拱，斜着的飞昂等构件，它们紧紧地组合在一起，就成了繁丽多姿的斗拱。将两朵以上的斗拱像叠罗汉似的组合堆叠在一起，制造成屋檐悬出的部分，就叫"铺作"。

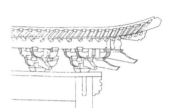

外檐铺作：在屋外屋檐下的斗拱。

内檐铺作：在屋内屋檐下的斗拱。

柱头铺作：放在柱子顶端的斗拱。

柱间铺作：就是补间斗拱，放在两个柱子之间的斗拱。

转角铺作：放在转角处的柱子上的斗拱。

平座铺作：支撑屋檐伸出的平台的斗拱。

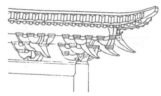 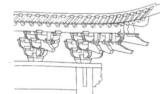

成百上千的斗拱结合在一起，层层重叠，交互攀缘，高耸向上，隐现在薄云之中。铺作之美，光彩夺目，壮观显赫。

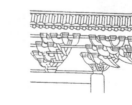 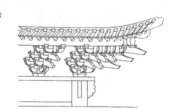

营造总铺作次序的法式

凡是从柱子头部出一拱或一昂，就叫"一跳"；出一跳叫四铺作，出两跳叫五铺作，出三跳叫六铺作，出四跳叫七铺作，出五跳叫八铺作。

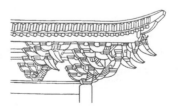 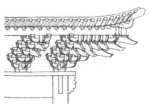

神奇的榫卯结构

斗和拱等构件，是依靠什么连接在一起的呢？其他木构件是依靠什么连接在一起的呢？整个房屋的木框架是依靠什么连接在一起的呢？早在 7000 年前，河姆渡人已经找到了方法，就是依靠榫卯结构。

如果要把两块木头连在一起，其中一个木头就要凸出一块，另外一个木头就要凹进去一块，把凸出部分塞到凹进去的部分，两个木头就连到一起了，就像把笔帽扣在笔上一样。凸的地方就叫榫，凹的地方就叫卯。

燕尾榫: 好像燕子的尾巴，相传为鲁班发明，咬合极为牢固，被称为 "万榫之母"。

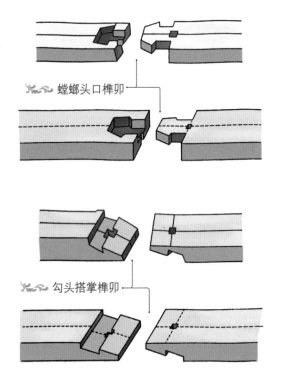

螳螂头口榫卯

勾头搭掌榫卯

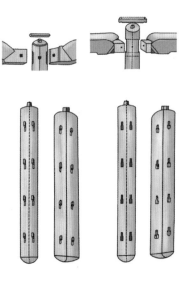

榫卯是木头做的。天气冷时，和其他木构件一起收缩；天气热时，和其他木构件一起膨胀。一直相互紧紧连接，非常牢固。

古代工匠具有天马行空的想象力和精湛的技术，创造出上百种榫卯结构，精巧至极。

榫卯的凹凸面相互咬合后，形成一个整体，提高了负荷能力。因为咬合处有细小的空间，还能承受一定的变形，一般的地震不会对其造成实质性的破坏，所以古人说"榫卯万年牢"。有专家按1:5的比例复制出北京故宫模型，对模型进行地震模拟测试。当震级达到9.5级时，模型严重晃动，但依然挺立，充分证明了榫卯结构的牢固性。

🌿 宋朝张择端所绘《清明上河图》中的虹桥。虹桥没有一个桥墩，全部使
用了榫卯结构，就像双手十指紧扣时那样难舍难分，这使虹桥十分牢固。

除了榫卯结构，古代的能工巧匠也会用鱼鳔胶来加固连接处。鱼鳔胶一般用黄鱼的鱼鳔做成，成分主要是生胶质，黏性超过一般的动物胶，想拆卸时，只要放到热水里就能化开。

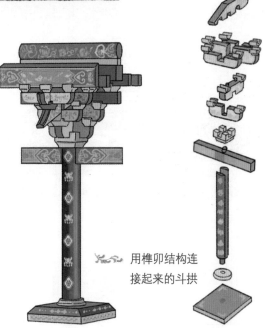

🌿 用榫卯结构连
接起来的斗拱

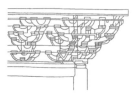 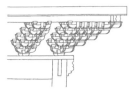 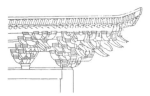

🌿 用榫卯结构连接起来的铺作

梁

托举屋顶的"王"

古建筑的屋顶又大又重，想把屋顶支撑起来，"梁"是最重要的一个"骨干"。在房屋的上部构架中，横架在柱子上的长木头就是梁了。梁分为直梁和月梁两种。直梁是平直的，月梁则如月牙一样弯曲，又像长着双翼的应龙一般弯曲如彩虹，所以也叫虹梁。

直梁

在中国古代神话传说中，应龙长着翅膀，是黄帝手下的大臣。黄帝与蚩尤大战时，应龙前来助战，与黄帝的女儿"魃"一起，打败了蚩尤。还有一种传说，大禹治水时，应龙用尾巴画地成江河，使水流入大海，不再泛滥。

梁好像一位力量雄厚的王者，几乎可以承托住屋面的全部重量。如果充当梁的木头不好，万一断裂了，支撑不住了，屋顶就会倾斜，甚至倒塌。所以，选择好的梁木至关重要，必须要选择粗壮又结实的树木。梁并不是"孤军奋战"，一幢房屋里会用到多根梁，还分为上梁和下梁。上面的梁比下面的梁要短一些，上梁和下梁层层相叠起来，托起了沉重的屋架。但无论是上梁还是下梁，都要正，否则就会出现"上梁不正下梁歪"的情况，就无法稳固了。

梁

月梁

营造梁的法式

梁的大小根据原木的尺寸而定，截取高与宽之比为 3：2 的长方形最佳。

传说，有个皇帝修宫殿，大殿差一根 6.6 丈长的横梁。好不容易在深山里找到一棵老柏树，上梁时却提不上去。这时，一位须发皆白的老人出现了。他说老柏树已经修炼了 990 年，再修炼 10 年就可以位列仙班了，不想却被砍伐。原来，老人就是鲁班。鲁班让人在树墩正中向下挖 3.3 尺，找到一浅红色肉团——柏树之心。然后，由皇帝用红布托着，压上两枚铜钱，再用筷子别起来。鲁班在红布上写着："上梁大吉，诸神让位。"就这样才安上了大梁。今天，上梁用红布、说吉利语的习俗仍在流传。

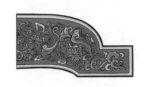

栋

"地位"最高的木头

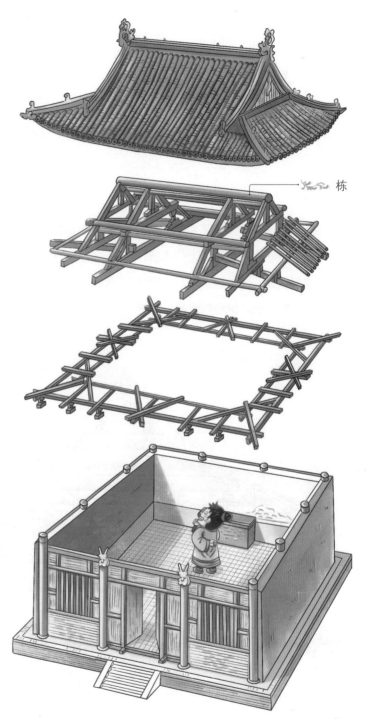

栋

看到"栋梁"这个词，就会想到，"栋"和"梁"就像一对结伴的兄弟，总是一起出现。是的，不过，它们虽然都是木头，但是并不一样。栋的位置更加显眼，只要一抬头，看到屋子正中间最高的地方那一根横着摆放的木梁，那就是栋。也就是说，栋就是中梁。

栋是房屋中最主要的一根横木，地位很高，"肩负"的使命也至关重要，它负责将椽（chuán）子的上端支撑起来。由于它实在很重要，本来是指横木，后来就指整个房屋了。人们还把它和能够担当重任的人或重要的事物联系在一起。

木构件上的繁丽图纹

栋梁之材

三国时期，有一个叫和峤的人，才华横溢，为人正直，做官清廉，深得百姓拥护。他家中富裕，但他很吝啬，人们给他起了个绰号叫"钱癖"。文人庾子嵩评价和峤："就像那千丈青松，枝叶茂密，枝干上虽有一些疤节，但也不失为建造高楼大厦的栋梁之材。"

椽

放瓦的木条

建造一个房屋要用到不同的木构件，由于种类实在太多了，为了将它们分清楚，人们给每个木构件都起了名字，那么，"椽"是指什么呢？梁是横放在柱子上的木头，檩（lǐn）是垂直摆放在梁上的木条，而椽，就是放在檩上面的木条。在檩上放椽，是为了架起屋瓦。椽就是"传"的意思，代表依次传递、均匀排列。椽的身材虽然是细长细长的，但队伍排列整齐，与梁、檩合力架起屋顶和瓦。

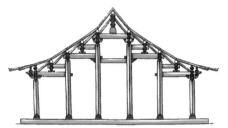

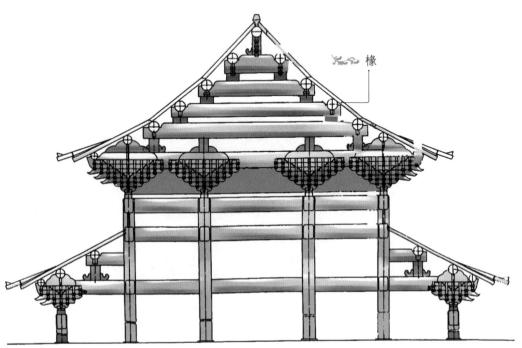

椽

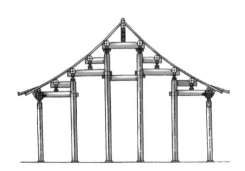

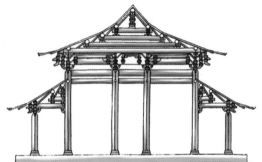

有没有人想知道一根椽子是怎么诞生的？

很早以前，人们就开始使用椽子了，由于它也很重要，朝廷还立下了等级规矩。天子的宫室安装椽子时，先要砍削好椽子，再将一根根椽子仔细打磨，再用纹理细密的石头再次打磨，最后才能放到屋顶上。诸侯的宫室安装椽子时，步骤就要简单一点：先砍削好椽子，再打磨一次即可。大夫的房屋安装椽子时，砍削好椽子，不须打磨；士人的房舍安装椽子时，只需将椽子头削去即可。如果不按规矩加工椽子，就等于违法，要受到惩罚。

楼上的叔叔，我想知道！它不会是大树生出来的吧？

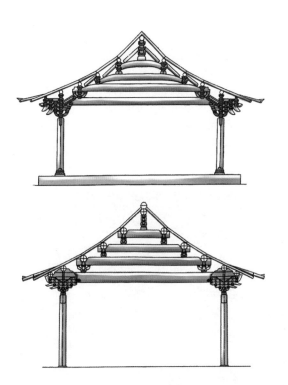

营造椽子的法式

椽子的疏密程度以两根椽子中心之间的距离为准：如果用在殿阁上，椽子间相距9~9.5寸；如果用在厅堂上，相距8~8.5寸。还应留意椽子的长度和直径。

柱

"正直"的主心骨

在房屋中，长得最高大、站得最笔直的木头，大概就是柱了。梁、檩、枋（fāng）等木构件，都是柱子的亲密"战友"，但它们都是横放的，只有柱子是竖放的，横的和竖的结合在一起，就成了牢固的屋架。

当人们赞美一个房屋巍峨方正时，要知道这是依靠了高大挺拔的柱子，柱子承担起了房梁的重量。正因为柱是房子的主心骨，作用很大，所以人们喜欢用"顶梁柱"这个词夸赞那些很重要的、起到关键作用的人。在很久以前，人们用朱砂涂抹重要的构件，比如，宫殿的华表、堂前的柱子。慢慢地，柱子还能体现等级之分了，比如，在给柱子涂漆时，只有天子才能用红色，诸侯官邸要用青黑色，大夫府邸要用青色，一般士人只能用黄色。

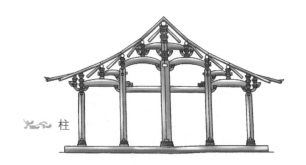

柱

"天柱"的传说

盘古开天辟地之后，为了让天地不再重合在一起，盘古用自己的身体化作了四根天柱，名为不周山。后来，水神共工与颛顼争夺天帝之位，从天界一直打到不周山。共工战败后，一气之下用力撞向西北方的撑天柱，使天空塌下来，大地也陷落了。所以也就有了"女娲补天"的神话。由于天塌地陷，引发了大洪水，也才有"大禹治水"的故事。

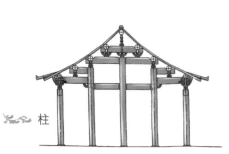

柱

建筑上的彩绘

🍃 建筑上的彩绘

🍃 宋宫廷立柱

营造柱的法式

　　竖立柱子时，柱身上部要稍微向内倾斜，柱子下端的柱脚要稍微向外突出，称为侧脚。在每间屋子的正面，根据柱子的长短，每长1尺，则侧脚1分。根据不同的房屋，柱子的长度和直径等都很讲究。

🍃 建筑上的彩绘

侏儒柱
小个头儿的柱子

　　什么是侏儒柱呢？顾名思义，就是一种矮小的柱子，也就是房梁上的短柱。它也叫蜀柱。它站在平梁上面，显得默默无闻。但是，千万不能小瞧它，这么短小的柱子也是有真本事的，它可以支撑起上层的檐或平座支柱，分担屋脊的重量哦！

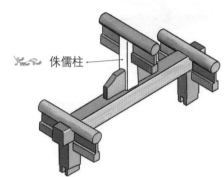

🍃 侏儒柱

檐
屋顶的"翅膀"

屋顶就像一个巨大的帽子，护在房屋上。在屋顶的外围边缘，伸出来的部分，叫作檐，就是屋檐。屋顶的上面有瓦，边缘有屋檐，就可以遮挡风雨了。

很多屋檐都非常美丽，凌空翘起，就像鸟展开翅膀要飞向天空，这叫"飞檐"。当屋檐成片相连时，连绵而整齐，就像鸟羽覆盖在上面，非常壮美。

"如鸟斯革，如翚（huī）斯飞。"《诗经》中的这句诗是形容宫室飞檐的美丽，意即屋檐像大鸟展开双翼，又像锦鸡正在飞腾。

飞檐的垂脊上，往往会被工匠们雕刻成各种神兽造型，神兽数量越多，代表建筑的等级越高。故宫太和殿的垂脊上足足有 10 只神兽，是古建筑中最豪华最气派的飞檐。

飞檐四角翘伸，飞举之势轻盈活泼，也叫飞檐翘角，造型极有动感，还很实用。由于檐角往反向翘起，会让更多的光线射入屋内，使屋子明亮。若是下雨，雨水落在飞檐上，可以被抛得更远，可以减少雨水对建筑的损坏。

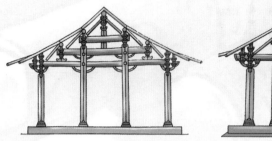

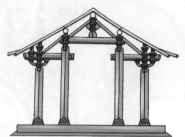

营造檐的法式

出檐的宽度要根据椽子直径的大小来确定。椽子的直径为3寸，则出檐3.5尺。椽子的直径为5寸，则出檐4~4.5尺。檐外另外加飞檐，每出檐1尺，则出飞檐6寸。

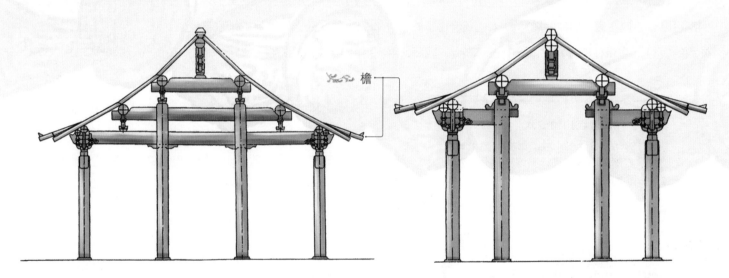

檐

版门
守护一个个家

房屋造好了，为了不让外人或小偷进家里，就要装上大门。古时候，人们给房屋建造了重重门户，天黑的时候还有守卫在街上走来走去，一边敲击着木梆一边巡逻，强盗就不敢来偷袭了。

"门户"指的就是正门、房屋的出入口。古籍上说，"门"在外就是"扞"，是屏蔽保障的意思；"户"，就是保护的意思，用来防护、隔离。房屋有了门，哪怕是再简陋的屋子，人们都可以安心地在家里居住、歇息。人们还修建了城门。城门高耸入云，能够保护国家不受外敌的侵犯。皇帝住的宫殿，修建的正门高大、威严，平民百姓不能轻易进入。

·>⊂‥≥ 版门

营造版门的法式

版门的高度为7~24尺，宽度与高度相同；如果要缩减门的宽度，则缩减部分不能超过整体宽度的1/5。

古人缺乏科学知识，害怕会有鬼怪邪魔类的东西在天黑之后偷偷溜进自己的家，就在大门门扉上安装一种门环饰物，叫兽首衔环。门环也叫"铺首"，有的是蠡形，有的是兽吻形，有的是龟蛇形或虎形。在古代，人们希望这些门环装饰能镇守家宅，守护家人。门环还能当作门铃用，客人轻轻叩响门环，屋子的主人听到了就会来开门。

·>⊂‥≥ 战国错金银皇者铺首

·>⊂‥≥ 战国立凤蟠龙纹铜铺首

·>⊂‥≥ 唐朝大明宫铺首

古人喜欢在门上贴门神，早期的门神是神荼和郁垒。传说鬼门关在一座桃都山上，山上有大桃树，盘屈三千里。树下有二神，一个是神荼，一个是郁垒。他们拿着苇草绳，捆绑恶鬼后喂虎。人们为了驱鬼避邪，便在左扇门上画神荼，右扇门上画郁垒，作为门神。

门神

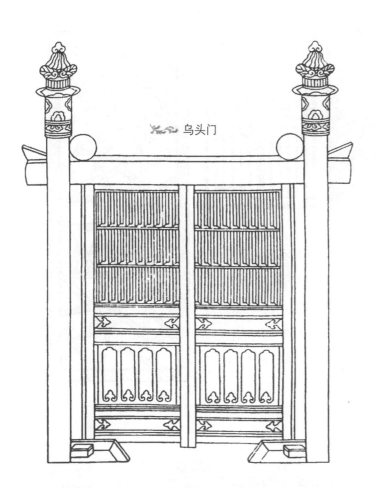

乌头门

乌头门
穷人不能使用的门

"乌头门"的名字是不是有点奇怪呢？它是由两根粗壮的立柱，还有一根横放的木枋做成的门，因两边的柱子头部染成黑色，故叫乌头门。在两根立柱之间，装上双开的门扇，门扇上安窗子，可以看到里面和外面。乌头门也叫棂星门，是高等住宅的"标配"，有一定身份的权贵人家或功勋人家才能使用。

营造乌头门的法式

门高为 8~22 尺，宽是高的一半；高度在 1.5 丈以上的，若要减少宽度，则减少的宽度不得超过总宽度的 1/5。

破子棂窗

小栅栏一样的窗户

听到"破子棂（líng）窗"这个词，是不是以为这是一种破旧的窗户呢？其实不是。这种窗户是直棂窗的一种，就是在窗框内安装竖直方向的木条，这些木条就叫棂子，而破子棂窗就是直棂窗家族里的一员。

史前时代，原始人住在洞穴里，为了采光和通风，在洞顶凿出小孔，叫"囱"。后来，古人建造了房屋，在墙上凿洞，叫"牖（yǒu）"。古书中的"户牖"，就是指门窗。窗慢慢有了装饰作用。直棂窗是用直木条竖着排列，像栅栏一样的窗，破子棂窗、一马三箭窗等，都是它的变体。

破子棂窗

破子棂窗

直棂窗的变体

营造破子棂窗的法式
高度为 4~8 尺。

那为什么要说它"破"呢？这可不是说窗户破，而是指它的棂子形状很独特：将一根方木条，用锯子沿着它的对角线斜着锯下来，就"破"成了两根三角形的棂子；再将尖面朝向外面，平面朝内，安装在窗框上，平面的部分糊上窗纸，就是破子棂窗了。破子棂窗不仅不破，反而可以阻挡风沙和冷风呢。

睒电窗

窗中有"闪电"

睒（shǎn）电窗也是棂窗家族的一员。它的造型别具一格，是将棂条处理成一道道弯曲的形状，像波浪的形状，也像闪电一样，所以叫睒电窗。睒电窗是一种木栅窗，窗棂之间有空隙，能通风，能透光，又很有美感。人从窗外走过，窗内的光线晃晃悠悠，犹如一道道流动的水波。

营造睒电窗的法式
高度为2~3尺。

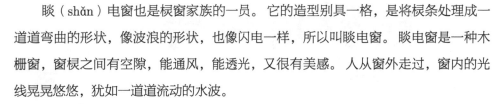

睒电窗

水纹窗

古代没有玻璃窗，最初的时候，古人用野兽皮糊窗户，兽皮能御寒保暖，但不太透气、透光。古人又用纱布糊窗，透气透光情况好了些，但吸水性强，雨水容易腐蚀木窗。

纸被发明后，古人用纸糊窗，但纸沾水容易破损，于是古人在纸上涂桐油，发明了油纸，既结实，又透光通风。古人还把贝壳、羊角、云母打磨成方形薄片，镶嵌在窗格子上，叫明瓦。晚清后，玻璃进入中国，明瓦就慢慢被取代了。

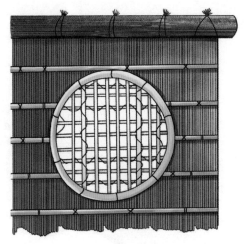

纸糊的竹窗

海贝

磨制后的海贝明瓦

明瓦模型

故宫养心殿东暖阁明瓦窗罩模型

照壁屏风骨
诗意的装饰

照壁屏风骨是一种装饰物，一般放在宫殿内与正门相对的地方。有整块的，也有分四扇的。制作时，可以把它们做成方格框，内外可以糊纸，或者放书画。

营造照壁屏风骨的法式
用木条做成4根直的大方格眼。每一间房若安设4扇屏风，则高为7~12尺；如果只做一段截间造的屏风，则高为8~12尺。

屏风知多少

天子的象征
"天子当屏而立"，3000年前，屏风是专门设计在天子宝座后面的，叫斧扆（yǐ），是周天子的专用器具，象征至高无上的权力。后来，经过不断演变，屏风有了防风、隔断、遮隐、美化等作用，走进了寻常百姓家。

"屏风"是什么意思

"屏风"的大意就是"屏其风也"，也就是说，它是用来遮挡、屏蔽风的。"屏"有"障"的意思，所以，屏风也叫屏门、屏障。古代房屋大都是木制，不像现在的钢筋水泥房子坚固密实，所以，古人发明这种屏风，放在床后或床边，用来挡风。

古诗里的屏风

屏风有单扇，有多扇，可以折叠。屏风有漆屏风、木雕屏风、石屏风、绢素屏风、云母屏风、琉璃屏风、嵌珐琅屏风等。唐朝诗人杜牧写的"银烛秋光冷画屏，轻罗小扇扑流萤"，其中的画屏是指绢布上画着图案的屏风。

照壁何其美

庄严的墙

照壁也叫影壁、影墙、照墙，也就是说，它是一道墙，只不过，是在门外正对着大门的地方，作为一种屏障，区别内外，有一种威严、肃静的气氛。宫殿、官府衙门、深宅大院前经常有照壁。

回转之所

照壁把建筑围成一个密闭的场所，让人有回旋的余地。客人进门之前，还可以在照壁处停歇或活动。如果是坐轿子或车来的，此处还是停车放轿、上下回转之地，还可以在此整理装束。

防人、防风、防鬼怪

古代的院落除了大门，基本是封闭式的，有很强的私密性、防御性。夜晚，大门关闭，白天，大门敞开，门外的人能通过大门看到院里的人。有了照壁，院外的人就看不到了。冬天，寒风凛冽，大风呼啸入院，但有了照壁，就能抵挡寒风侵袭了。古人相信鬼怪的存在，认为照壁在院门口，可以挡住鬼怪的邪气。

有地位的墙

早在西周时期，照壁就出现了。周礼规定，只有君王宫殿、诸侯宅第、寺庙才能建影壁，否则就处以刑罚。照壁成了严格的等级标志。

美丽的墙

到了清朝时，紫禁城的东西六宫，门前几乎都有一座照壁，使大门极有气势。而且，照壁上有各种吉祥的精美的图案，令人有一种惊心动魄的视觉美。

九龙壁

北京故宫里的宁寿宫，是清乾隆皇帝做太上皇时住过的宫殿，大门前有闻名天下的九龙壁。这座照壁长29.4米，高3.5米，厚0.45米，是单面琉璃影壁，壁上有黄色琉璃瓦铺成的檐，檐下有斗拱。壁面的云水纹上，有9条蟠龙，均为高浮雕，有的部位高出壁面20厘米，立体感极强，显得气势磅礴。

九龙壁

井屋子

水井上的小木屋

什么是井屋子呢？井屋子就是一种专门盖在水井上的木头小屋子，原始社会就有了。井屋子有 4 根立柱，就像 4 条腿牢牢地站在井口的石板上，柱子上的屋顶就像一个大保护伞，为水井遮风挡雨，让井水保持清澈、干净。

🐛 河姆渡水井和草屋子复原图

有了井屋子，就不怕脏东西掉到水井里了，人们也可以喝上干净的井水了。虽然这只是用来保护水井的小屋，但是人们并不会"冷落"它，还会在小屋子上做一些精致的装饰，比如，在屋顶的两侧雕刻垂鱼、惹草等，好看得很。

营造井屋子的法式

井口上的石板至屋脊高 8 尺，4 根柱子，柱子外面 5 尺见方。

🐛 隋朝仁寿宫井口复原图

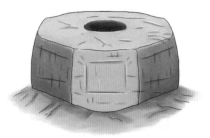

🐛 宋朝井口石复原图

垂鱼的演变

　　最初，垂鱼还是鱼形，但从唐朝到清朝，经过 1000 多年的演变，垂鱼已经成了各种动物形、植物形。

垂鱼

惹草

什么是垂鱼、惹草

　　垂鱼和惹草是一种装饰，能连接和美化接缝，在一定程度上保护椽子不被侵蚀。垂鱼也叫"悬鱼"，是用木头雕刻成的"小鱼"，悬垂在山墙上、屋檐下的构件。惹草是垂鱼身边的同伴，比垂鱼的身体要小一点，三角形的木头上面刻着云纹等图案，就像一朵朵云飘在悬鱼两边。古代的房子是木结构，最害怕起火，而水能灭火，鱼和水草都生活在水里，所以用垂鱼和惹草做装饰，寄托着防火的愿望。

格子门
画一样的门

人们心里多多少少含着诗情画意，喜欢透过棂窗欣赏屋外的景色，可是，直棂窗的窗户很小，看到的风景有限，想看到更多的风景，该怎么办呢? 人们想出一个办法，就是模仿棂窗的设计，将房门的上方镂空，做成门上有窗的格子门。格子门又叫隔扇，能分隔室内和室外，门的上半部是木条做成的一个个镂空的小格子，叫格心或格眼。外面的光线从格心穿入，屋子一下子就变得亮堂堂的了。透过这些格子"眼睛"，窗外的景色呈现在眼前，别有一番情趣。门的下半部分为腰花板和障水板。工匠们在腰花板上雕刻出各种花纹或浮雕图案，内容包括琴棋书画、花草树木、神话传说等。一扇扇格子门，就像一幅幅连环画，又好看，又有故事。

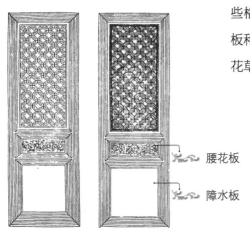

腰花板

障水板

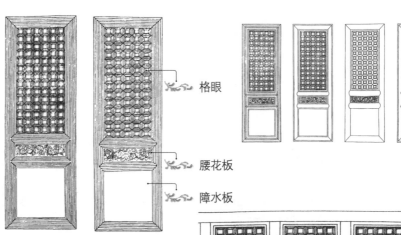

格眼

腰花板

障水板

阑槛钩窗
诗人喜欢的窗户

"阑槛"就是栏杆的意思，在窗户下面装上防护的栏杆，能够保护人的安全。阑槛钩窗就是将栏杆与窗户合二为一。当人推开窗子站在窗边倚栏眺望时，多么悠闲、自在。古代的诗人尤其喜欢这样的窗户。他们坐在栏杆上，或是靠着栏杆，眺望远处，脑中就有了许多写诗的灵感。

"凭栏" 意象

"栏"在古时候也叫"阑"。古代宫殿、亭台楼阁、走廊等建筑中，随处可见栏杆。古人喜欢倚靠栏杆望远，抒发忧国之情或离愁、乡愁等。唐宋诗词中常见"凭栏"意象，如李煜写的"独自莫凭栏，无限江山，别时容易见时难"；岳飞写的"怒发冲冠，凭栏处潇潇雨歇"……

营造阑槛钩窗的法式

高 7~10 尺；每间屋子分 3 扇，用四直方格眼。

胡梯
连接楼上楼下

人们建造出了高大的房屋，但上下十分麻烦，怎么办呢？于是，人们在楼阁上下走道的地方建造了胡梯，也就是楼梯，又叫扶梯。以前的楼梯大部分都是用木头制作的。它是一个了不起的发明，解决了上下楼的难题。

营造胡梯的法式

高为 1 丈，拽脚的长度根据高度而定，宽 3 尺，分为 12 极。

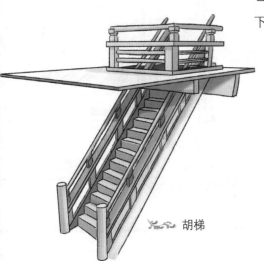

胡梯

凭栏

平棋

棋盘一样的天花板

屋顶上很容易掉落灰尘，做一个天花板，就能将灰尘"兜"住了。人们是怎么制作天花板的呢？先在屋顶大梁的下面，用方木条交叉，做成不同形状的格子，如正方形、长方形或多边形，接着在上面覆盖一块大一点的木板，再给木板"化妆"——彩绘或贴上彩纸，天花板就做好了。

站在屋子里仰头看时，屋顶上那些方格就像棋盘一样，所以叫"平棋"。有了平棋，屋子里的灰尘就少了，而且好看的装饰还平添了一种古色古香的韵味。

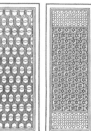

想象奇特的平棋花纹

花纹有十三种：一是盘球；二是斗八；三是叠胜；四是琐子；五是簇六球纹；六是螺纹；七是柿蒂；八是龟背；九是斗二十四；十是簇三簇四球纹；十一是六入圜花；十二是簇六雪花；十三是车钏球纹。

平棋上的花纹大多对称

斗八藻井

最高级的天花板

藻井也是一种天花板，一般是向上隆起，像一口井，或者一把伞。藻井有方形的、多边形的、圆形凹面的，多用在宫殿、佛坛上方最重要的部位，一般由斗拱承托着，象征天宇的崇高，周围装饰各种花纹彩绘，显得辉煌灿烂。

藻井源于原始人穴居顶上的通风采光口——"中溜"，后来越发展越复杂繁丽。古人在房屋最高处做藻井，装饰荷、菱、莲、藻等水生植物，是希望能借水压制火魔作祟，获得保护。清朝时，多以龙为藻井装饰，藻井又叫龙井。

平棋有多个方格排列，藻井只有一个。藻井早先用于佛教石窟的洞顶装饰，最著名的是敦煌莫高窟的藻井。

营造斗八藻井的法式

总共高5.3尺。下面是方井，8尺见方，高度为1.6尺；中间是八角井，直径64尺，高度2.2尺；上部是斗八，直径4.2尺，高1.5尺，在顶部中心位置做垂莲造型或雕刻花纹，里面安设明镜。

63

拒马叉子

张牙舞爪的路障

"拒马叉子"可不是吃饭用的叉子，它指的是"拒马"，拒马就是一种木头做的障碍物。把削得尖尖的木头柱子一根根交叉固定成架子，就是它了。做这样的拒马叉子有什么用呢？在古代的宫殿或衙署门前，经常能看到拒马叉子张牙舞爪的身影。将它们放在路上或堵住城门，人们走路或骑马经过时，一看到拒马叉子那吓人的样子，就知道此路不通，赶快绕道走了。

拒马叉子在夏商周时就出现了。架子上带着刃、刺等武器，用来堵门，禁止通行，后来才用于战斗。

把木头做成人字架，把枪头穿在横木上，枪尖向外，可以防御骑兵突击，所以也叫拒马枪。在攻城战和野战中也可以使用。拒马木枪是把3支枪捆在一起，不使用时，可以收成1支，方便科学。

营造拒马叉子的法式

高度为 4~6 尺。

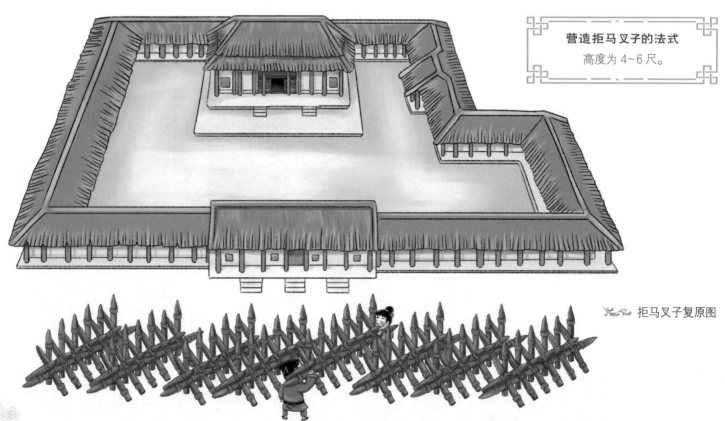

拒马叉子复原图

牌

建筑的"灵魂"

宫殿、房屋建好之后，左看看右看看，这么漂亮的房子，好像还缺点什么，于是琢磨着，是不是该给房子题几个好看的字锦上添花呢？于是，人们就在大门上方中间或门内正堂的上方的位置，挂上一块题字的木块，这就是牌，也就是牌匾。就像画龙点睛一样，牌匾让古建筑仿佛拥有了点睛之笔。

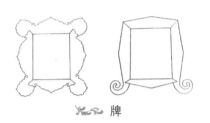

牌

营造殿堂、楼阁、门亭等牌的法式

长度为2~8尺。

北京故宫中的牌匾

无为，康熙皇帝题于交泰殿

明光大正

正大光明，顺治皇帝题于乾清宫

极有建皇

皇建有极，乾隆皇帝题于保和殿

中厥执允

允执厥中，乾隆皇帝题于中和殿

建极绥猷，乾隆皇帝题于太和殿

和仁正中

中正仁和，雍正皇帝题于养心殿

佛道帐

一朵瑰丽的艺术奇葩

佛道帐就是佛龛（kān），安奉佛像的地方。佛道帐就是一座房子，有的是山花蕉叶佛道帐，有的是天宫楼阁佛道帐。佛道帐顶上有的是壮观的重檐、威严的鸱（chī）尾等，有的还雕刻出莲瓣、垂下的流苏等，十分精致，为中国古建筑中一朵罕见的奇葩。

清朝时，宫中制作佛龛有严格的程序。如意馆或中正殿要按皇帝的意图画样图，有的还要做烫样，然后根据皇帝的意见多次修改，再由内务部的各部门分工合作。最后，还要皇帝验收。

营造佛道帐的法式
总共高2.9丈，内外拔深1.25丈。

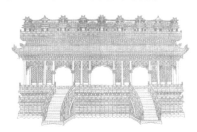

天宫楼阁佛道帐

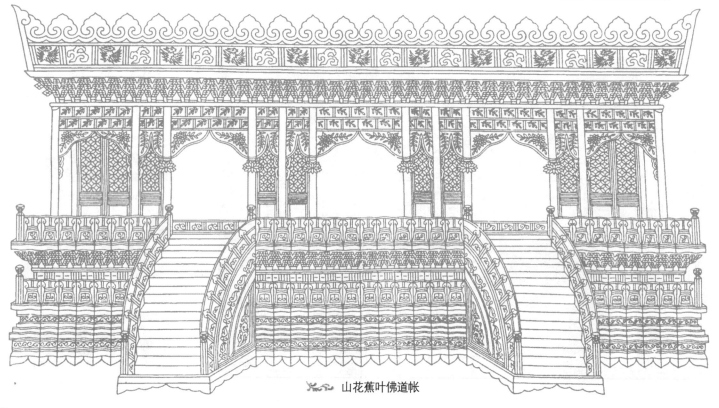

山花蕉叶佛道帐

转轮经藏
佛经的"卧室"

什么是转轮经藏呢?"经藏"就是寺院存放佛经的地方。"转轮经藏"则是指一种佛教法器,就是在大窟中部立柱子,把柱子作为轴,做成八面形,里面放佛经。后来,八面柱子上又加了龙,显示天龙八部中龙众护法的意思。

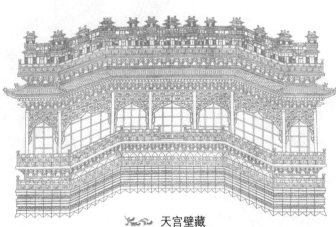

天宫壁藏

天龙八部是佛教中的八位护法神,分别是天众、龙众、夜叉、乾闼婆、阿修罗、迦楼罗、紧那罗、摩睺罗迦,其中天众和龙众最显赫,所以叫"天龙八部"。

转轮经藏

天龙八部

天众：生活在各层天的众生，就是天人和天王。天人也会死，临终前，头上的花会枯萎掉落。天人的领袖是帝释天。

乾闼婆：帝释天的乐神。不吃酒肉，依靠闻香维持生命，所以也叫香神。乾闼婆变幻莫测，神秘缥缈，难以捉摸。

龙众：主要生活在水中，力大无比，能从天海取水洒向人间。

夜叉：一种能吃鬼的神，敏捷、勇健、轻灵、隐秘，保护众生界。

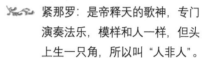

紧那罗：是帝释天的歌神，专门
演奏法乐，模样和人一样，但头
上生一只角，所以叫"人非人"。

迦楼罗：指金翅鸟神，是一种大鸟，翅有
庄严宝色，头上有一颗如意珠，鸣声悲苦，
每天要吃 1 条大龙和 500 条小龙。

阿修罗：男性阿修罗极
其丑陋，女性阿修罗极
其美丽。阿修罗常与
帝释天战斗，战败后，
会化身潜入藕孔中。

摩睺罗迦：大蟒神，可幻化成人
身蛇头，是与天龙对应的地龙。

混作

魔术般的雕刻

匠人总是会变"魔术"的，他们用高超的手艺将木头雕刻出各种造型，如动物、植物等，还能用石头、砖块雕刻成立体的形象，活灵活现。这种对木头、石头、砖块进行雕刻的手法，就叫混作，也叫圆雕。

混作有八个品级。一是神仙。真人、女真、金童、玉女等也在此列。二是飞仙。嫔伽、共命鸟等也在此列。三是化生。拿着乐器或灵芝仙草、花果、器物等的飞仙。四是拂菻（fú lǐn）。藩王、夷人等也在此列，他们手牵走兽或拿着旌旗、武器等。五是凤凰。孔雀、仙鹤、鹦鹉、山鹧、锦鸡、鸳鸯、练鹊、鹅、鸭、雁等也在此列。六是狮子。麒麟、狻猊、天马、海马、羚羊、仙鹿、熊、象等也在此列。七是角神。宝藏神也在此列。八是缠柱龙。蟠龙、坐龙、牙鱼等也在此列。

金童：与玉女相对，是侍奉仙人的男童。

飞仙：会飞的仙人，也指神话中的西方之神。

玉女：神话传说中的仙女。东王公经常和玉女玩投壶游戏，就是把箭向壶里投，投中多的为胜。也指侍奉仙人的女童。

化生：一般指去世的人到了西方极乐世界，在那里的莲花中化生出世。"化"与"花"同义，"化生"就是"花生"的意思。

真人：依靠修炼而成的神仙，长着人的模样，说人类的语言，可以去任何自己想去的地方，有长生不老、千变万化的本事。

共命鸟：传说雪山下有一只人面鸟身的鸟，长着两个头，一个头叫迦楼茶，一个头叫优婆迦楼茶。一日，优婆迦楼茶遇到一种花，就劝迦楼茶睡觉，然后自己吃下此花，不料此为毒花，最终它们都死了。

婇伽：传说就是妙音鸟，生活在雪山上，人首鸟身，戴童子冠或菩萨冠，身披彩色飘带，歌声优美，带来欢乐吉祥、逍遥自在的天国气氛。

拂菻：主要指拜占庭帝国（东罗马帝国）人，唐朝时就把拂菻幻戏、拂菻曲和拂菻建筑元素带入中国。

凤凰：神话传说中的百鸟之王，雄为"凤"，雌为"凰"，古人的图腾之一，后常和龙一起使用，龙代表帝王，凤代表皇后。也用来比喻有圣德的人，古人认为太平盛世会有凤凰飞来。

鸾：又叫青鸾、青鸟、鸡趣等，属于凤凰一类的鸟，也被视为西王母的使者，给西王母报信，也是西王母的坐骑。

仙鹤：即鹤，是鹤科涉禽，举止优雅，深受古人喜爱，被视为长寿的象征，常与神仙联系起来。

孔雀：鸡形目中最大的鸟，雄鸟覆羽极长，展开尾屏流光溢彩、雍容华贵。古人认为它们有"忠、信、敬、刚、柔、和、固、贞、顺"九德，也称它们为"文禽"。

鹦鹉：鹦形目攀禽，羽色鲜艳，善学人语，常被古人当宠物，吟咏鹦鹉的诗词也很多。

山鹧：鹧鸪，叫声婉转悠扬，容易勾起离愁别绪。古人常写诗词寄情于鹧鸪，如辛弃疾写的词句"江晚正愁余，山深闻鹧鸪"，就是跟"愁"联系在一起。

练鹊：绶带鸟，雄鸟长着长长的尾羽，飘逸美丽，就像绶带一样。

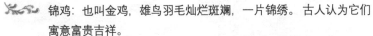

锦鸡：也叫金鸡，雄鸟羽毛灿烂斑斓，一片锦绣。古人认为它们寓意富贵吉祥。

鸳鸯：雁形目、鸭科动物，鸳指雄鸟，鸯指雌鸟。古人以为鸳鸯总是成双成对出现，便用鸳鸯比喻兄弟情深，后来又用鸳鸯比喻爱情至死不渝。其实，雄鸟会同时追求好几只雌鸟，不过，一旦确立了伴侣关系，就会形影不离。等到雌鸟产卵时，雄鸟又离开了。

鹅：雁形目鸟类，姿态优美，忠于主人，能看家守院，深受古人喜爱。

鸭：雁形目鸟类，古时与"甲"谐音，所以，"鸭"寓意科举之"甲"，有前程远大、学业有成的意思。

狮子：汉朝张骞出使西域，打开"丝绸之路"，西域各国向汉朝献上了狮子，古人称它为"师子"，也叫狻猊，后来才改为狮子，用来象征皇权。皇宫、官署和府衙门口会摆放石狮子。

麒麟：神话中的瑞兽，身体像麝鹿，头部有些像羊，长着狼蹄、牛尾、龙鳞，身为彩色，高2米左右。

獬豸（xiè zhì）：神话传说中的神兽，长着浓密黝黑的毛，额上长一角，智慧极高，懂人言、人性，能辨是非曲直、善恶忠奸，有"神羊"之称，象征勇猛、公正。

天马：神话中的神兽，长着翅膀，能够在空中自由翱翔。

海马：神话中的落龙子，能通天入海，象征着吉祥富贵、英勇智慧。

仙鹿：鹿是偶蹄目的哺乳动物，温顺美丽，被古人视为祥瑞之兆。"鹿"与"禄"谐音，寓意加官进禄、权力显赫，所以被推举为仙鹿。

羚羊：偶蹄目的哺乳动物，姿态谦和，仪容美好，有羊跪乳习惯（传说小羊为报养育之恩，跪着吃奶），被古人视为善、美、仁、义、德等品格的象征。

象：长鼻目的哺乳动物，善解人意，性情温和，聪明灵性，"象"又谐音"祥""相"，古人便赋予了大象吉祥的寓意，认为"太平有象""吉祥如意""出将入相"。

犀牛：奇蹄目的哺乳动物，受到古人崇拜，被视为有灵异的神力，可以辟邪。

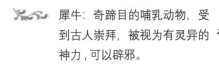

缠柱龙：就是盘龙柱、蟠龙柱，一条龙缠着柱子。蟠龙一般是指蛰伏在地上或潜在水中还没有升天的龙。龙有石雕的，也有木制的，蜿蜒欲动，豪放健美。

坐龙：蹲坐的龙，一般居于建筑构件的核心位置，有一统全局的寓意，华贵、庄重而威严，民间禁止随意使用。

混作分三类：一是雕插写生花，就是镂雕；二是起突卷叶花，就是高浮雕；三是剔地洼叶花，不要求花叶翻卷。

🌿 雕插写生花之牡丹

🌿 雕插写生花之杂花

雕插写生花有五品：一是牡丹花，二是芍药花，三是黄葵花，四是芙蓉花，五是莲荷花。这些都雕刻在棋眼壁里面。雕刻时，要根据花朵的舒卷走势来进行。

🌿 起突卷叶花

🌿 起突卷叶花

起突卷叶花有三品：一是海石榴花；二是宝牙花；三是宝相花。镂空雕刻，叶子翻卷，使内外分明。每一片叶子上雕成三卷的为上等。

剔地洼叶花有七品：一是海石榴花；二是牡丹花；三是莲荷花；四是万岁藤；五是卷头蕙草；六是蛮云。（第七品不明）

起突卷叶花中也常常出现飞禽和走兽

剔地洼叶花常常用于云拱、垂鱼、惹草等处。

造笆
用竹子做"被子"

竹子修长、青翠,看起来有些纤弱,实际上却能用于建筑。把竹子劈成竹片,然后编织成席子,像被子一样盖在房屋的椽子上,能承托上面的泥、瓦等。这就叫竹笆。竹笆和苇箔是一对好"搭档",如果在殿阁7间以上铺1层竹笆,那么就要铺5层苇箔。

在长江以南盛产竹材的地区,民间建筑工程上用竹颇为广泛,如用对半劈开的竹筒代替屋面上片瓦,用竹材做柱、梁、椽。造竹索桥也是竹作的一项内容,四川灌县珠浦桥(现已改建)最大跨度达60余米,是代表性的竹作实例。

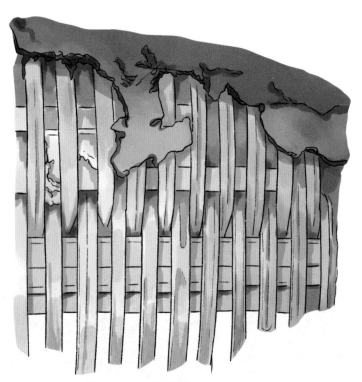

用竹筑墙

竹椅

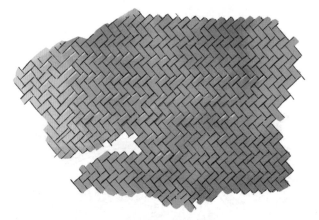

竹席

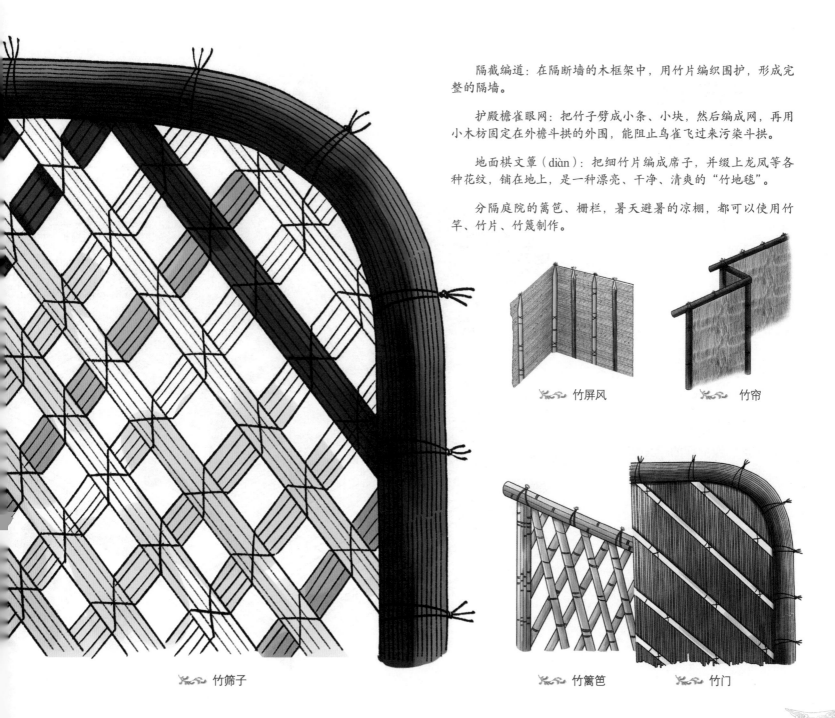

隔截编道：在隔断墙的木框架中，用竹片编织围护，形成完整的隔墙。

护殿檐雀眼网：把竹子劈成小条、小块，然后编成网，再用小木枋固定在外檐斗拱的外围，能阻止鸟雀飞过来污染斗拱。

地面棋文簟（diàn）：把细竹片编成席子，并缀上龙凤等各种花纹，铺在地上，是一种漂亮、干净、清爽的"竹地毯"。

分隔庭院的篱笆、栅栏，暑天避暑的凉棚，都可以使用竹竿、竹片、竹篾制作。

竹屏风　　竹帘

竹筛子

竹篱笆　　竹门

结瓦

屋顶的"衣服"

　　什么叫瓦作呢？就是加工瓦的活儿。盖好房子后，人们担心屋顶会被大风吹走，而且木头屋顶也防不住雨水，家里漏雨那可怎么办？于是，人们就在屋顶上铺上了一片片瓦，这就叫结瓦。

　　古代的瓦是用陶土烧成，有各种各样的形状，比如弯弯的弧形、四四方方的片形，还有半个圆筒形……瓦好像房顶的"衣服"，如果没有瓦片吸走阳光的热量，到了夏天房屋里可能就要变成烤炉了。瓦片还可以将雨水隔离在屋外，每到下雨天，雨水沿着瓦片流下来，在屋檐下形成一道道雨帘，也是独特的美景。

结瓦屋宇

有两个等级：一是瓺（tóng）瓦，用于殿阁、厅堂、亭榭等；二是瓯（bǎn）瓦，就是板瓦，用于厅堂和常行屋舍等。

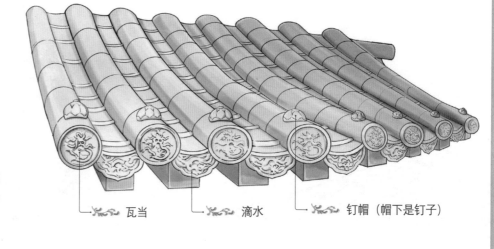

└─ 瓦当   └─ 滴水   └─ 钉帽（帽下是钉子）

瓦当和滴水

瓦当和滴水是一对"好兄弟"，总是一起出现。瓦当能防止雨水倒灌，滴水能引导雨水下流，都能为椽子遮风挡雨，保护屋檐。

空心砖

画像空心砖

空心砖是战国人发明的。汉朝时，空心砖更加华丽，不光用在房屋上，还用于画像砖墓。画像砖犹如画册一样，刻绘了播种、收割、春米、酿造、盐井、探矿、桑园、市集、车骑出行等，让人仿佛穿越到古代，目睹着古人的生活。

秦砖汉瓦

"秦砖汉瓦"是指秦朝的砖、汉代的瓦吗？是的！但也不全是，它也指秦汉时期所有的砖瓦。秦汉的砖瓦不是"素"的，而是刻有动物、植物、云，还有各种人物、车马、狩猎、乐舞、宴饮、杂技、驯兽、神话故事等画面。汉瓦中还有很多文字瓦当，简直就是书法的宝库。

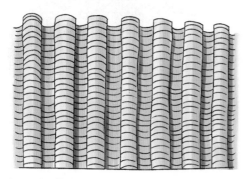

哭笑瓦

汉瓦

哭笑瓦

哭笑瓦就是仰合瓦。瓦翘向上安放的，叫仰瓦，因为很像微笑时的嘴角，又叫笑瓦；瓦翘向下安放的，叫合瓦，因为很像哭泣时的嘴角，又叫哭瓦。把笑瓦和哭瓦一列一列地铺到屋顶上，就是仰合瓦。

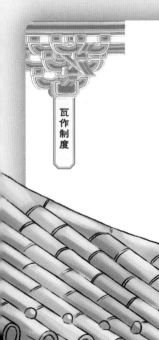

"身份"高贵的琉璃瓦

  琉璃瓦是一种"高贵"的瓦,它需用优质矿石经过两次高温烧制才能制成,工艺十分复杂,色泽十分华丽,又十分耐用,所以"身价"也特别高。清朝时,黄色琉璃瓦为皇宫专用,皇子所住的地方为绿色琉璃瓦,藏书的地方为黑色琉璃瓦。

 琉璃瓦

  琉璃瓦有黄色、绿色、黑色、紫色、蓝色等,之所以颜色不同,是因为釉彩中的金属氧化物不同,含有氧化铁的会烧成黄色,含有氧化铜的会烧成绿色,含有氧化钴的会烧成蓝色……

  琉璃瓦不渗水,不积水,经得起长时间的风吹日晒,还适应各种气候,也不长苔藓。由于它特别光滑,再加上屋顶是倾斜的角度,且能反射强烈的光,使鸟很难站立上面,鸟的排泄物也会随着雨水流下去,所以,琉璃瓦非常干净。

"琉璃"二字的由来

  传说春秋时期范蠡在为越王造剑时,在冶炼的废料中发现了一种闪亮的产物。范蠡将它献给了越王,越王赐名为"蠡",又赏给了范蠡。范蠡就将它制成首饰送给了西施。后来,西施将去吴国,与范蠡分别时,落下的眼泪滴在蠡上,于是,人们就称之为"流蠡",后称"琉璃"。

青掍瓦:"黑脸"的瓦

  有一种高规格的瓦,叫青掍(hùn)瓦,制作工艺十分特殊。工匠在烧造时,必须要看准时机,趁着瓦快要成型、还未成型的时候,用熏烟法将碳渗透进瓦片里,碳元素沉积,使瓦变得黝黑发亮,瓦也变得坚硬致密,防水能力由此增强。此瓦一"出生"就为皇家"服役",宋朝以后就失传了。

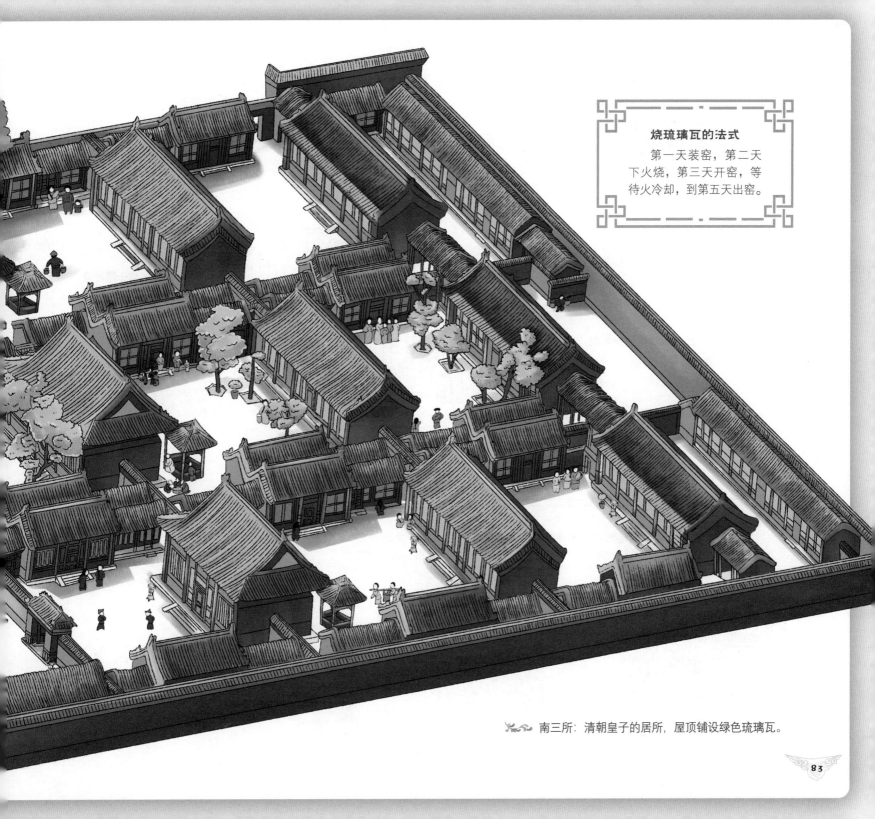

南三所：清朝皇子的居所，屋顶铺设绿色琉璃瓦。

垒屋脊

屋顶的"脊骨"

就像人有脊骨一样，屋顶也有脊骨，这就是屋脊。屋脊不止一条，出现的位置也不一样，有正脊、垂脊、戗（qiàng）脊等。

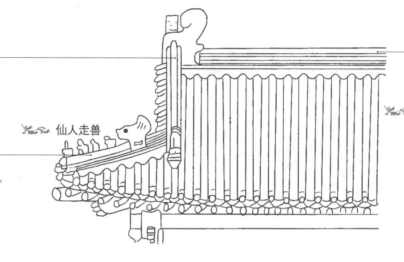

垂脊：上端与正脊垂直交接后，沿着山墙一面的走势下垂。

仙人走兽

戗脊：又叫岔脊，与垂脊成 45°，支持、制约着垂脊。

正脊：位于屋顶最高处，从房屋正面看，是一条横走向的线，也叫大脊。

垒屋脊的法式

垒屋脊时，每增加 2 间或 2 架椽子，则正脊加 2 层。

古人修建的屋顶都是什么样子的呢？屋顶都是房屋的"头"，现在的房屋屋顶都是清一色的"平头"，但在古代，房屋的"头"却花样百出，各有千秋。

山墙

坡面

屋脊

山墙、坡面、屋脊决定了屋顶的样子。

庑殿顶

庑殿顶：分单檐、重檐，也叫四阿顶、五脊殿，因为它由一条正脊和四条垂脊组成。等级最高，明清时只有皇宫和孔子殿堂才可能使用。造型飘逸舒展，如大鹏展翅，有飞动之美。

歇山顶：分单檐、重檐，也叫九脊顶，因为它由一条正脊、四条垂脊、四条戗脊组成。它的正脊两端到屋檐处中间折了一次，好像"歇"了歇，所以叫歇山顶；等级仅次于庑殿顶，天安门就是歇山顶。

歇山顶

悬山顶

悬山顶：也叫挑山、出山，正脊两端伸出山墙，处于悬空状态，所以得名。屋檐有利于防雨，多雨的南方多用它。只用于民间建筑，等级只比硬山顶高。

硬山顶：两面坡的屋顶，屋檐不出山墙，显得平齐、质朴、坚硬，所以叫硬山顶。房屋左右侧面是砖石山墙，与屋面平齐或高出屋面，能防止火势蔓延，干燥的北方多用硬山顶。

硬山顶

攒尖顶

攒尖顶：分单檐、重檐，也叫撮尖、斗尖，屋顶为锥形，顶部集中于一点，就是宝顶。故宫的中和殿为四角攒尖顶，天坛祈年殿为圆形攒尖顶。

盝（lù）顶：平顶的屋顶四周加一圈外檐。用于殿阁的就封顶，用于井亭的就不封顶，顶部开口能让光线进来，看清水井里的水，也便于清理。

盝顶

卷棚顶

卷棚顶：由歇山顶、悬山顶、硬山顶发展而来，是一种圆脊的屋顶，因圆弧形曲线有一种阴柔之美，风格温馨优雅，常用于园林。宫中也用于太监、仆人住的边房。承德避暑山庄宫殿为卷棚顶，以示离宫。

奇形怪状的屋顶

如果屋顶只有这些样式，那么还不足以充分显示古代工匠的智慧和想象力。他们还发明了很多特殊的屋顶，有扇面形的，有卍字形的，有盝形的，有勾连搭顶……奇形怪状，充满趣味。

盝顶

扇面顶

卍字顶

角楼

环形顶

勾连搭顶

故宫角楼是一座多角建筑，屋顶分3层，上层是2个十字交叉的歇山顶，中层是4个重檐歇山顶，共有28个屋角、72条脊，体现了古人高超的技艺。

骑凤仙人　　龙　　凤

兽头
各有自己的名字

营造兽头的法式

兽头的高度由正脊的层数决定。兽头要顺着屋脊用一条铁钩固定，用钉子安装。

蹲在宫殿庑殿顶的垂脊上、歇山顶的戗脊上的小兽，也叫蹲兽、仙人走兽、走兽等。它们可以用瓦制，也可以用琉璃制，最高的等级是11个，每一个都有自己的名字和作用。

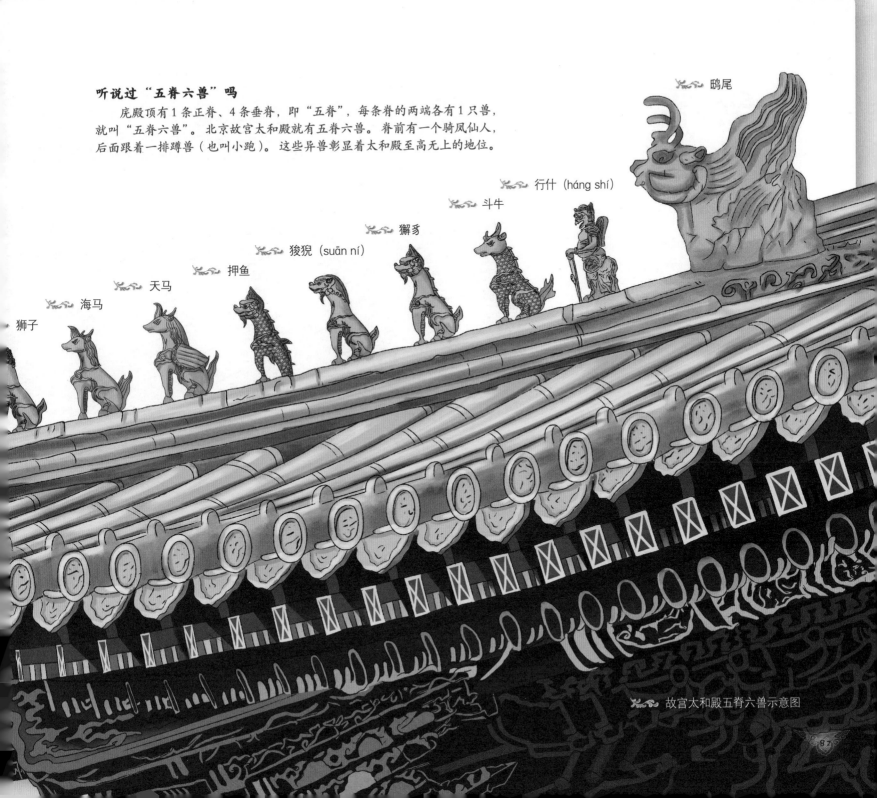

听说过"五脊六兽"吗

　　庑殿顶有 1 条正脊、4 条垂脊，即"五脊"，每条脊的两端各有 1 只兽，就叫"五脊六兽"。北京故宫太和殿就有五脊六兽。脊前有一个骑凤仙人，后面跟着一排蹲兽（也叫小跑）。这些异兽彰显着太和殿至高无上的地位。

鸱尾

行什（háng shí）

斗牛

獬豸

狻猊（suān ní）

押鱼

天马

海马

狮子

故宫太和殿五脊六兽示意图

87

垒墙
围出一个安全的家

垒墙的"垒"，就是堆砌的意思，工匠用一些随处可见的东西，如黏土、木纤维、狗尾草、稻草秸秆等，把它们混合在一起，并垒成一道墙，名叫土墙。垒起四面土墙，围在一起，就成了家的框架，帮人们阻挡住外面的危险，让人们获得安全和舒适。

垒墙的法式
墙的高度和宽度根据开间大小而定；墙每高4尺，厚1尺。

用泥
给墙"上妆"

墙砌好后，墙面还是凹凸不平的，很不好看，必须得给墙"上妆"，也就是"用泥"。用泥、石灰等搅拌后，给墙面修饰，让墙面变得光滑。

怎么用石灰抹墙呢？这也是有学问的。先用较粗的泥将坑坑洼洼的地方填补好，等泥晾干一些，再用细一点的泥重复抹一遍，等泥彻底干了之后，再用细泥涂抹一层。最后，在细泥之上，再抹一层石灰，抹好之后，等上面的水痕干透了，再刮一刮，压一压，像这样重复5次，泥的表面就会充满光泽，墙也就"上妆"完成了。

用石灰等抹墙的法式
用泥、石灰等抹墙干燥后，厚度为0.13寸。

彩画
给建筑"披上彩衣"

房子建好后，怎么才能让房屋更加好看、更"长命"呢？人们于是在柱子、门、窗等木构件上涂上了颜色，画上了图案，让房屋"穿上了彩衣"，这就是"彩画"。彩画不但使建筑变得美丽，还能保护木头，减少风雨蛀虫的侵蚀，让房屋"寿命"更长。

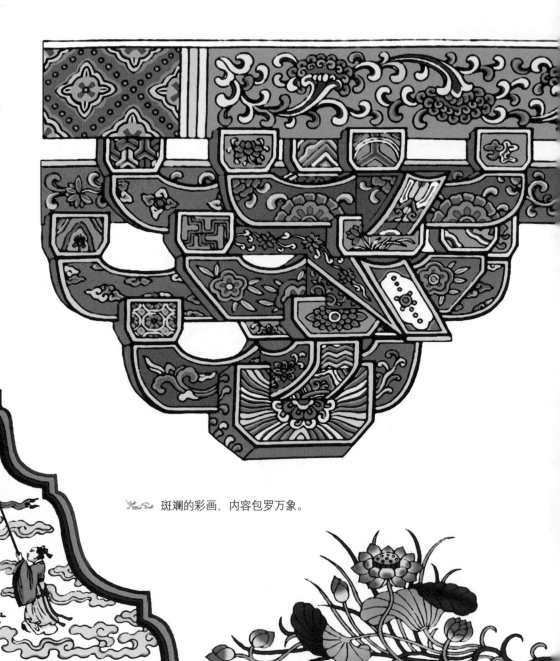

斑斓的彩画，内容包罗万象。

五彩遍装：是上等的彩画，冷暖色调相间，以青、绿、红三种颜色为主，点缀黑、白、黄等颜色，鲜艳而明亮。其中，用来点缀的黄色，也是偏暖的、明亮的纯黄色。

间色就是有规律地交替使用冷暖、深浅不同的颜色。

🐦 冷暖色调完美融合

五彩遍装彩画都很艳丽，构图匀称，很少有空隙，看起来圆润、饱满。

五彩遍装的底色，要先刷胶，再刷白土，再刷铅粉，制造出明亮的暖白色。

五彩遍装的纹样主要分两种：一种是花纹，多为植物；一种是琐文，多为几何形。

用胶、油、粉调成膏，在彩画上画凸起的线，再覆上明亮的颜色，这就是沥粉。

五彩使画中植物变得旖旎动人

 用色时也有法式，但要根据所画的东西，或浅或深，或轻或重，千变万化，要顺其自然。这种效果是不能用语言表达出来的，颜色的品相也各有千秋。

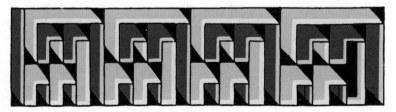

几何形组合既巧妙又显得时尚

彩画梁、拱等构件时，可以用青色、绿色或红色叠晕，在里面做五彩诸花。花纹有九个品级：一是海石榴花；二是宝相花；三是莲荷花；四是团窠宝照；五是圈头合子；六是豹脚合晕；七是玛瑙地；八是鱼鳞旗脚；九是圈头柿蒂。

云头

云头

宝相花

海石榴花

莲荷花

▶ 团窠宝照

▶ 圈头合子

▶ 豹脚合晕

▶ 玛瑙地

▶ 鱼鳞旗脚

▶ 圈头柿蒂

▶ 尾巴抽象而美丽的孔雀

如果把花纹雕在梁、额、柱上，可以在花纹中间杂行龙、飞禽、走兽等。如果方桁等上全部用龙、凤、走兽、飞禽，那么空白的地方就要用云形花纹来填补。

碾玉装：也是上等的彩画，等级比五彩遍装低，不如五彩遍装复杂，所用人工是五彩遍装的一半左右；为冷色调，以青绿色调为主，宛如磨光的碧玉，清新而柔和。其中，用来点缀的黄色，是偏冷的、暗淡柔和的黄绿色。

碾玉装的底色，和五彩遍装一样，但它还有另一种，就是先刷胶，再刷青淀和茶土的混合物，制造出淡淡的青绿色。

彩画的法式

先铺衬画底，再用草色和粉，分别衬托所画的东西；再在衬色之上精细地上色，或者叠晕，或者分间剔、填。

青绿叠晕棱间装：主要为"青绿相间"的青绿色调，是一种中等的冷色调彩画。明清时期官式青绿彩画就来源于此。

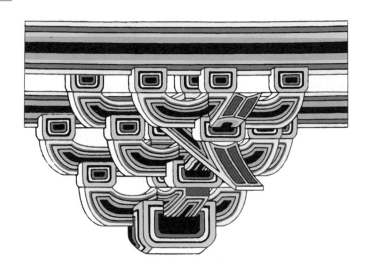

叠晕是什么意思呢？

将一个颜色调成不同的深浅，然后，逐层绘画，就产生了不同的深浅层次，历历分明，能造成视觉上的凹凸感，也就是有了立体感。这种彩画技法就叫叠晕，也叫退晕。它是按照一定的比例而做的，非常规矩、严谨。

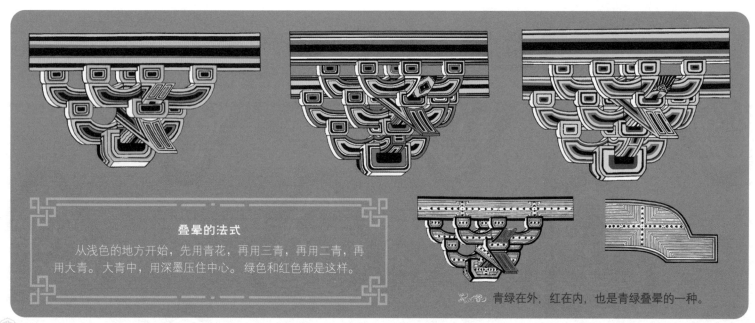

叠晕的法式

从浅色的地方开始，先用青花，再用三青，再用二青，再用大青。大青中，用深墨压住中心。绿色和红色都是这样。

青绿在外，红在内，也是青绿叠晕的一种。

解绿刷饰：中等暖色调彩画，又叫解绿赤白，是丹粉刷饰的"升级版"——将丹粉刷饰的白色改成青绿叠晕。

丹粉刷饰：下等暖色调彩画，又叫丹粉赤白，主要用土朱、黄丹、白粉来刷，风格朴素，不失庄重，皇家和民宅都常用这种色调。

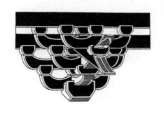 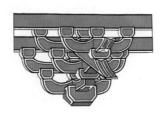  

凡是斗、拱、梁、柱、画壁，都要先用胶水刷一遍，贴金（就是在彩画的线或图案上贴金箔）的地方要用鱼鳔胶。等鱼鳔胶干了之后，刷白铅粉（也叫铅粉、胡粉，是一种白色的小碎块，化学成分为碱式碳酸铅，有毒，古人用它作为防锈颜料，它也是陶瓷釉料的助溶剂）；等干后再刷，一共刷5遍。再刷土朱、白铅粉，步骤同上，也刷5遍。之后才能进行彩画。

炼桐油
桐树籽的贡献

做彩画时，要用桐树籽炼桐油。将浅棕黄色的桐油刷到木构件上，能够防腐、防霉、防渗。炼桐油时，先进行煎煮，使桐油变得清澈；再把胶放入桐油，炸到焦煳后取出不用；再放入松脂，搅拌，等待熔化；再放入研磨成细末的定粉，等粉的颜色变黄后，把油滴在水中能成小珠，用手触摸，粘手的地方如果有丝缕，再放入黄丹；逐渐把火调小，搅拌桐油；等桐油冷却后，可以混合金漆使用。

垒阶基
一层更比一层高

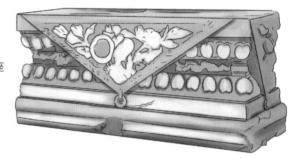

须弥座

什么是阶基呢？它就是建筑的底座，房屋下面的台基。用台基将房屋高高地垫起来，使建筑物显得高大雄伟。有了阶基，房屋就不用直接接触地面了，就会减少受潮，还能防腐。阶基还能划分等级，地位越高的建筑，阶基就越高大。宫殿、官府等建筑都建有高高的阶基。一般来说，阶基分为 3 种：普通台基、复合型台基、须弥座。

踏道
"顽强"的台阶

"踏"就是"踩"的意思，"踏道"就是人们双脚踩踏的道路，也就是台阶。"踏道"也叫踏跺，连接内与外、高处和低处。踏道中，一级一级的石块连接起来，就是走道，走道一层层上升，就叫"阶"。

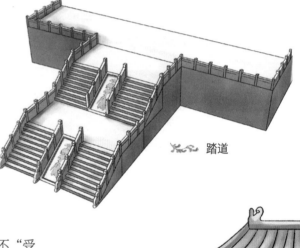

踏道

台阶是用什么建造的呢？为什么能够任千万只脚踩踏，能够任风吹雨打，而不"受伤"？那就是砖和石条，它们"身体"坚硬，顽强地对抗一切踩踏和风雨袭击过来的力量。

在皇宫的正殿外面，有 3 处台阶，中间的叫"陛"，因此皇帝被尊称为"陛下"，意思是在台阶之下向皇帝禀报事情。中间的台阶当中还有一条陛石，上面雕刻着龙凤云纹，那是帝后通行的"红毯"——御路。

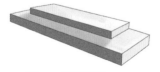

如意踏跺

垂带踏跺

云步踏跺

御路踏跺

慢道
古代的安全通道

山坡上的寺庙、高台式宫殿都是很高的建筑，走在这些地方提心吊胆，很不安全，于是，人们就在这些地方建了慢道，让人和车马都能够安全通行。慢道用砖石砌成，是一种像锯齿一样的斜面坡道，比较平缓。慢道的两边还砌着矮墙，相当于防护栏。

慢道

马台
轻松上马下马

马是古代一种很重要的交通工具，骑马也是人们喜欢的活动。不过，马高大雄壮，想爬到马背上并不容易，怎么办呢？工匠们造出了石凳子或石台子，放在大门左右两边，专门帮助上马下马，这就是马台。有了马台，上下马就容易多了，坐在马台上还能休息。

垒马台的法式
马台高度为1.6尺，分成两个踏：上踏为2.4尺见方，下踏宽度为1尺。

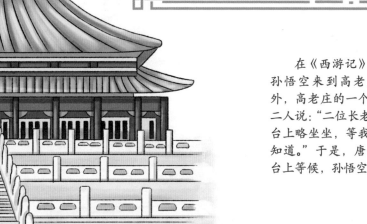

在《西游记》中，唐僧和孙悟空来到高老庄，在大门外，高老庄的一个仆役对师徒二人说："二位长老，你且在马台上略坐坐，等我进去报主人知道。"于是，唐僧就坐在马台上等候，孙悟空侍立一旁。

马台

总杂功

计算全部杂活的工作量

　　建造一个房屋是非常复杂的，要涉及大木作、小木作、石作等工作。每一种工作都有不同的法式，还要计算每种工作的用工，算出木匠、石匠、杂工等不同工人每一天的工作量，这就是"功限"。当时，一些官员在主持朝廷的建筑工程时，为了中饱私囊，会上报朝廷虚假的数字。比如，明明只需要 10 根柱子，却虚报了 20 根，明明一天挑了 100 担土，却虚报了 200 担，多出来的拨款，就落到了官员自己手里。在规范了功限之后，不仅官员无法作假，还节约了人力、物力和财力。那么，怎么计算功限呢？例如，搬运泥土时，每 60 斤（1 斤 =500 克）为一担；如果需要 8 人以上才能抬起来的粗笨重物，5 人以上才能举起的石头，或琉璃瓦等，每 50 斤为一担。由于路途有近有远，为了公平，还要根据距离的远近来计算。比如，在 30 里（1 里 =500 米）外搬运木头，每一担来回一趟就是 1 功；如果距离近一些，在 120 步以上，往返一次为 1 里地，那么要搬运 60 担才算 1 功。

搬运功

用船搬运的"功"

如果石头、木头或砖瓦离工地很远，只靠人力一个个搬运，会劳累不堪，还要花许多时间。为了提高效率，可以借助车马舟船来运输。如果是用船运，还要考虑搬运上船的距离。如果人是在60步以外的地方将东西搬上船，那么，150担为1功；如果是在30步以外的地方挖掘泥土，然后把泥土搬到船上，那么，100担为1功。在水中行船的时候，如果是逆流行驶，船前进艰难，人要费更多的力气拉船，那么，船上的东西如果装满60担，就为1功；如果是顺流行船，船前进轻快，人也不用那么辛苦地拉船，那么，船上的东西装满150担，就为1功。

古代运输工具多种多样。筏：宋代的筏有竹筏、皮筏等。舟船：有福船、沙船、广船、鸟船等。牲畜：马、驴、骡、牛、骆驼等。畜力车：包括马车、牛车、驴车、骡车、骆驼车。人力推车：有一人推车、二人推车、三人推车等，最常见的是由一人推动的独轮车。

彩画作功限

画画的工作量

如果做五彩遍装，工钱该如何计算呢？"五彩遍装"这个词一看就色彩繁多，要用到青色、黄色、赤黄色、朱红色、绿色、紫色、金色等，还要画上飞仙、飞禽、走兽等，工匠必须细致地工作，要花费很多时间，因此，他们一天的工作量是最少的。如果给雕花板上颜色，1.8 尺就算 1 功，是非常"值钱"的工作。如果是五彩遍装，描绘亭子、廊屋、散舍这样的小建筑，那么，一个人一天画 5.5 尺为 1 功；如果是宫殿、楼阁这样的大建筑，涂画难度高，那么，面积要减少 1/5，就为 1 功。

彩画作料例

颜料也有标准用量

想画彩画当然离不开颜料了，其中的"主角"是矿物颜料，"配角"是植物颜料，这些颜料需要加上胶和粉调制。调制好后，还要根据标准分配用量，比如，在每面1尺见方的构件上画彩画，要使用哪些颜料？用量分别是多少？这就叫"料例"。

如果刷染木植油，每面1尺见方的构件所需的颜料应该是以下这些：

定粉：5钱（1钱=5克）3分；墨煤：2.285钱；土朱：1.744钱；白土：8钱；土黄：2.66钱；黄丹：4.4钱；雌黄：6.4钱；混合青华：4.44钱；混合深青：4钱；混合朱：5钱；生大青：7钱；生二绿：6钱；紫粉：5.4钱；藤黄：3钱；槐华：2.6钱；中绵胭脂：4片；描画细墨：1分；熟桐油：1.6钱。

用钉料例
小钉子怎么用

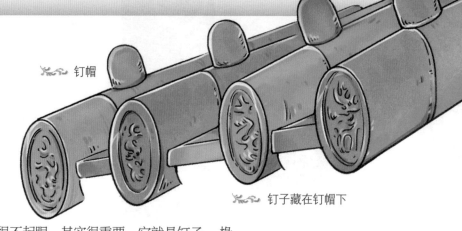

钉帽

钉子藏在钉帽下

在房屋中，有一个"隐藏"很深的"小角色"，好像很不起眼，其实很重要，它就是钉子。椽子上可以用钉子，雕花板上可以用钉子，藻井上可以用钉子，"飞仙神兽"上也可以用钉子……那么，钉子都长什么样子，是不是可以随便用呢？钉子当然不能随便使用，每种钉子都有自己的形状、自己的尺寸、自己的分工、自己的名字，要按规矩使用。

汉代青铜长钉

今天仍有一个误解，中国古代木结构建筑不使用钉子。其实，这种说法并不全面。古代多为手工打制木钉、竹钉、铁钉，一般先打出小眼，然后把钉子锤击进去。但这样的钉子无法承受很大的重量，加上榫卯结构十分科学，所以，古人用钉很少。

城门铜钉

钉子的名字是怎么起的呢？大多是工匠根据它们所在的位置起的，例如，用在门上的钉子，叫门钉；用在瓦上的钉子，叫瓦钉；用在椽子上的钉子，叫椽钉；角梁处的钉子，叫角梁钉……

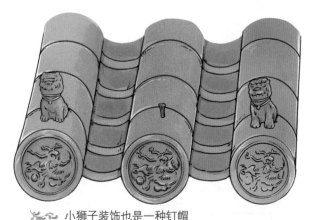

小狮子装饰也是一种钉帽

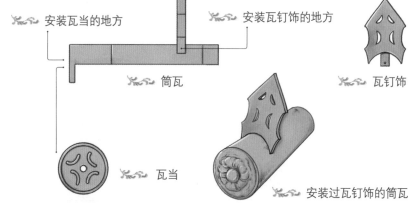

安装瓦当的地方

安装瓦钉饰的地方

筒瓦

瓦钉饰

瓦当

安装过瓦钉饰的筒瓦

还有一些钉子，是根据它们的大小、形状起的名字。每一种钉子有不同的重量，就连钉头（钉盖）的重量都是确定的，不能有丝毫马虎和差错。

开门见喜。

捡了一枚钉子。

葱台头钉：如果长1尺，则钉头为4.6分，重8.5两（1两=50克）。

葱台长钉：如果长1尺，则头长4寸，脚长6寸，重3.6两。

猴头钉：如果长9寸，则头为4分，重5.3两。

卷盖钉：如果长7寸，则头为3.5分，重3两。

圆盖钉：如果长5寸，则头为2.3分，重1.2两。

两入钉：如果长5寸，则中心2.2分，重6.7钱。

拐盖钉：如果长2.5寸，则头为1.4分，重2.25钱。

卷叶钉：如果长8分，则重1分，每100枚重1两。

如果做仙人童子，那么，每一身高度在2尺以上的，要用3枚钉子；每一身高度在2尺以下的，要用2枚钉子。

如果是做仙鹤的腿，那么，每一条腿用3枚钉子，每一翅用4枚钉子，尾巴的每一段要用1枚钉子。如果仙鹤是放在华表的柱头上，那么，还要加脚钉，每一只脚用4枚脚钉。

仙人童子

琴棋书画，一身才华

　　连使用一枚小小的钉子，《营造法式》都做了严格的规定，至于运输的距离、水是顺流还是逆流、木头是软是硬等，都有细致的计算方法。这样一来，官员们真的无法贪污、浪费了，皇帝非常满意，李诫也因此名声大噪。李诫还是一个多才多艺的人，在音乐上也深有造诣，平时很喜欢弹奏琵琶。为了让乐谱流传后世，李诫收集了很多乐谱，并编成一本《琵琶录》。

　　李诫在绘画方面也很出色。他画了一幅《五马图》献给宋徽宗，得到了这位艺术家皇帝的称赞。由于他自幼在书堆中长大，他还写得一手好文章。他也喜欢玩六博棋，便把下棋的"战法"写成一本《六博经》。

　　六博棋是一种棋戏，春秋战国时称"博戏"。人们玩六博棋既可学习兵法，磨炼智慧，又能消遣。后来，人们不断地改造它，使它慢慢变成如今的象棋的雏形，也是国际象棋的前身。

　　李诚最喜欢的书是《山海经》，于是，他结合古籍，发挥想象力，写了一本《续山海经》，用文字创造了一个奇幻的世界。

　　《山海经》，成书于战国时期至汉朝初期，内容涉及地理、历史、神话、天文、动植物、医学、人类学、民族学、海洋学等，堪称上古社会百科全书。

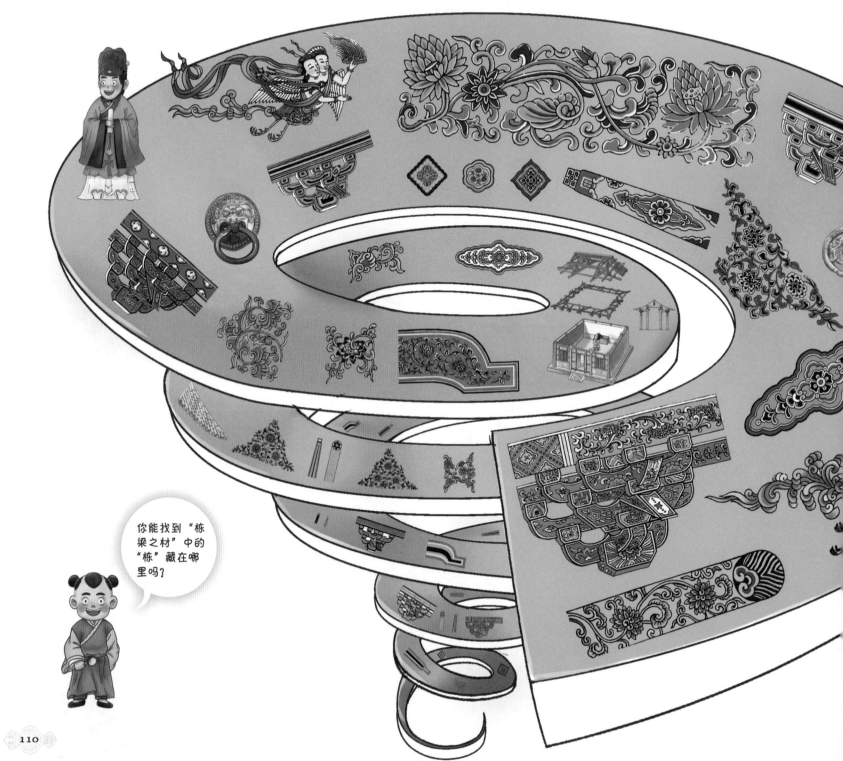

一代建筑宗师溘然长逝

　　李诚在将作监工作了大约 13 年，主持修建了辟雍宫、龙德宫、棣华室、朱雀门、九成殿、开封府等。直到父亲病逝，他才离开将作监，回乡奔丧。宋徽宗赐给他 100 万钱，他都捐献了出去。守丧 3 年后，李诚被朝廷调去虢（guó）周县任职。他上任后，清查了很多积累多年没有断清的案子，得到了百姓的拥护。然而，他已然年老体弱，最终长逝于异乡。

　　李诚一生勤学不倦，家有藏书几万卷，70 多岁高龄时仍笔耕不辍，手抄本就有几十卷。他留给后世的《营造法式》填补了中国古代建筑史上缺少实物遗存的空白，让今天的人能够通过书中的记述，知道曾经存在、而今消失的一些建筑设施、装饰等，如古人为了防鸟雀，曾在屋檐下铺竹网；屋子里的地面上，曾经铺有编织着美丽花纹的竹席……

《营造法式》中的建筑装饰花纹

图书在版编目（CIP）数据

呀！营造法式 ／（宋）李诚原著 ；文小通编著
.—北京 ：文化发展出版社，2024.3
ISBN 978-7-5142-4225-6

Ⅰ．①呀… Ⅱ．①李… ②文… Ⅲ．①《营造法式》—
儿童读物 Ⅳ．① TU—092.44

中国国家版本馆 CIP 数据核字（2024）第 041460 号

呀！营造法式

原　　著：〔宋〕李　诚　　　编　　著：文小通

出 版 人：宋　娜　　　　　　责任编辑：肖润征　刘　洋
责任校对：岳智勇　　　　　　责任印制：杨　骏
特约编辑：鲍志娇　　　　　　封面设计：李果果
出版发行：文化发展出版社（北京市翠微路2号 邮编：100036）
网　　址：www.wenhuafazhan.com
经　　销：全国新华书店
印　　刷：河北朗祥印刷有限公司

开　　本：787mm×1092mm　1/16
字　　数：85千字
印　　张：7
版　　次：2024年3月第1版
印　　次：2024年3月第1次印刷

定　　价：68.00元
ＩＳＢＮ：978-7-5142-4225-6

◆　如有印装质量问题，请电话联系：010-68567015

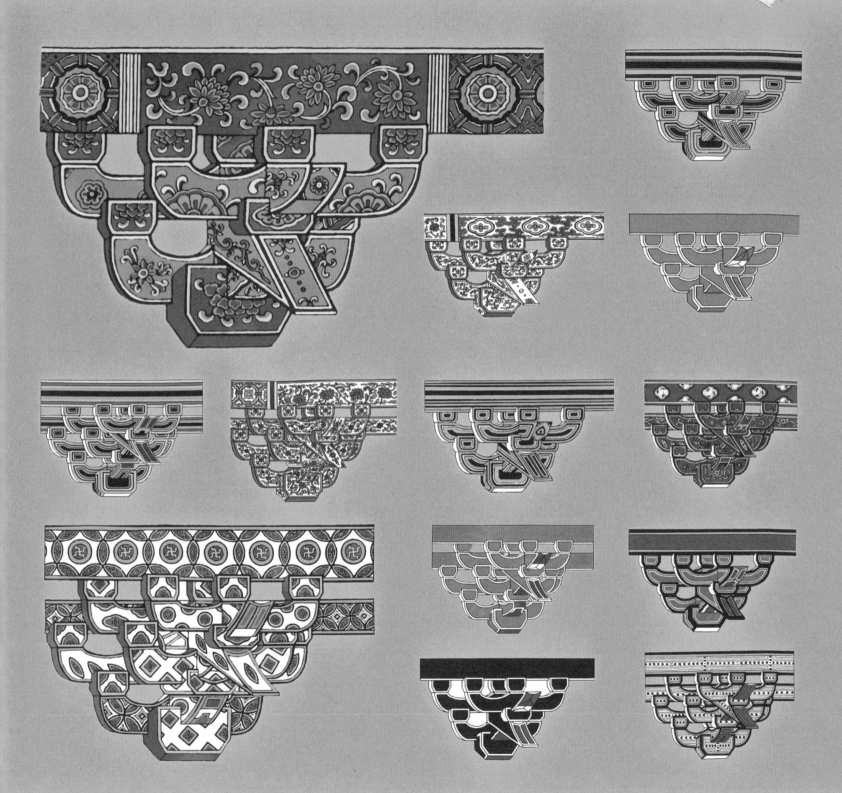